舍得

受用一生的学问

席昆◎编著

成都地图出版社

图书在版编目 (CIP) 数据

舍得：受用一生的学问 / 席昆编著 . —成都 : 成都地图出版社有限公司 , 2023.11

ISBN 978-7-5557-2282-3

Ⅰ.①舍… Ⅱ.①席… Ⅲ.①人生哲学—通俗读物 Ⅳ.① B821-49

中国国家版本馆 CIP 数据核字 (2023) 第 169101 号

舍得：受用一生的学问
SHEDE: SHOUYONG YISHENG DE XUEWEN

编　著：席　昆
责任编辑：高　利
封面设计：春浅浅
出版发行：成都地图出版社有限公司
地　　址：成都市龙泉驿区建设路 2 号
邮政编码：610100
印　　刷：三河市宏顺兴印刷有限公司
开　　本：710mm × 1000mm　　1/16
印　　张：12
字　　数：136 千字
版　　次：2023 年 11 月第 1 版
印　　次：2023 年 11 月第 1 次印刷
定　　价：49.80 元
书　　号：ISBN 978-7-5557-2282-3

PREFACE

前 言

"舍"与"得"是反义，它们似乎是一对水火不相容的敌人，但同时又像是一对亲密的伴侣，既对立又统一，是矛盾的两个方面。"舍"是放弃，但有时却能结出"得"的果，不舍者不得，得亦因舍而得。

世间的人们往往面临多种选择。有的人给自己的心灵加了一根绳子、一把铁锁，被名缰利锁所羁绊，在横流的物欲中随波逐流，于是，生活的欢欣和幸福都被套牢、锁住了，怎么能够怡然自得呢？

在"舍"与"得"之间，大多数人都喜欢"得"：得到利益、得到尊敬、得到地位、得到荣誉等。于是，他们一边生活，一边不停地去追求、去索取，结果，身上的包袱越来越重，以致最后压弯了他们的腰。这些人把生活重心放在了要得到什么以及如何得到上，而忽略了与"得"唇齿相依的"舍"。他们应该明白的是：假若想要得到太多，那么终将失去；要想活出精彩，就要懂得舍，只有先舍，才能有所得。

"舍得"是一种人生态度，更是一种人生境界。"舍"并不意味着放弃，而在于将来更高层次的获得。这不是一种消极的人生态度，而是一种清醒的人生观。一个人只有舍弃不擅长的事和知道自己能干什么，才能把有限的精力集中到真正的事业上，在"舍得"中成就自己。懂得放弃，说明这个人真正了解自己，真正懂得如何驾驭自己的人生。

　　本书详细地介绍了"舍"与"得"之间的关系、"舍"的境界和"得"的智慧。希望通过本书，你可以懂得人生的意义，领悟"舍"的价值，明白什么可以舍，什么不可以舍，实现人生的自我规划，从而在人生舞台上游刃有余，获得成功！

目 录

CONTENTS

断舍离，
你需要轻装前进

不放手，
永远不知道世界有多好

Part 03 人生漫漫，不妨停下来看看风景

Part 04 你的爱，要留给那些值得的人

世界没那么复杂，
是你想多了

敢于舍弃，
你将会收获更多

Part 07　丢掉"心理垃圾"，给生活一个笑脸

Part 08　所有失去的，终将以另一种方式归来

Part

断舍离，你需要轻装前进

活得简单才幸福

一只小鸡破壳而出的时候，刚好有只乌龟经过，从此以后，小鸡就学乌龟，打算背着蛋壳过一生。它受了很多苦，直到有一天，它在路上遇到了一只大公鸡，让它舍弃蛋壳，摆脱束缚……

原来摆脱沉重的负荷很简单，有名师的指点就可以。

一个孩子对他妈妈说："妈妈你今天好漂亮啊。""为什么呀？"孩子说："因为妈妈今天一天都没有生气。"

原来拥有漂亮的方法很简单，只要不生气就可以了。

有一家商店经常灯火通明，有人问："你们店里用的什么牌子的灯管啊？那么耐用。"店家回答说："我们的灯管也经常坏，只是我们坏了就换而已。"

原来保持"明亮"的方法很简单，只要把"坏的灯管"换掉就可以了。

　　有一支淘金队伍在沙漠中行走，大家都迈着沉重的步伐，痛苦不堪，只有一个人快乐地走着，别人问他："你怎么这么高兴？"他笑着说："因为我带的东西最少。"

　　原来快乐很简单，只要将多余的"包袱"放弃了就可以了。

放下"包袱"，
一身轻松。

　　当代作家刘心武曾说："在五彩缤纷的现实世界中，应该记住这样一条古老的真理——活得简单才能活得自由。"

　　简单的美在于它是朴实无华的，并且随时散发着灵魂的香味。

　　现代人的生活过得太复杂了，到处都充满着金钱、功名、利欲的角逐，到处都充斥着新奇和时髦的事物。在这样复杂的生活中，我们必然会感到疲惫不堪。

　　美国哲学家梭罗有一句名言感人肺腑："简单点儿，再简单点儿！奢侈与舒适的生活，实际上阻止了人类的进步。"他发现，生活上的需要越简单，生活越丰富。因为他已经不需要为了满足那些不重要的欲望而使心神不集中。

简单地做人，简单地生活，其实也是很好的生活方式。功名利禄、出人头地、飞黄腾达固然好，然而能不依附权势，不贪求金钱，勤勤恳恳，无怨无争，过着简简单单的生活，不也是一种很潇洒的人生吗？

保持一份淡然的心境

得到的时候，不要沾沾自喜；失去的时候，也不必悲观绝望。其实所谓的得失，完全取决于眼界的宽窄。以平常心去生活，时刻保持一份淡然的心境，此所谓大智大慧。

"不以物喜，不以己悲"这是范仲淹的豁达胸怀。如果对个人的得失看得过重，势必为名利所困扰，你便会陷入一张无形的网中，以致无法脱身。人生有时是烦琐的，有时却又很简单，甚至简单到只有取得和放弃。我们应当做到坦坦荡荡地取得，不该取得的应当毅然放弃。取得很容易，而放弃有时却很艰难。

爱迪生老年时，一场大火把他的实验室烧得一干二净。他的儿子在失火后，到处寻找他。最后终于在实验室附近找到了他。火光映着爱迪生苍老的脸，他的白发和胡须在火光中随风飘扬，他静静地注视着无情的火苗吞噬着自己多年的心血，他的儿子要把他拉走，他却平静地对他儿子说道："快去叫你母亲来观看这罕见的场面吧！恐怕她以后再也没机会见到这么宏伟的景象了，让我所有的谬误和过失也随这场火而去吧！真好，让我有了重新开始的机会。"一年后，他的又一伟大发明——留声机闯入了人们的视野。

爱迪生就是一个有大智大慧的人，对得失淡然视之，因为失去的将一去不复返，得到的也不可能永远是自己的，轻松快乐地生活，努力地为事业而奋斗，何乐而不为呢？愚者总会庸人自扰地背负很多，比如金钱、地位等东西，这些正是让他们感到疲惫的根源，得到它们的怕失去，没得到它们的拼命追求，让这些所谓的名和利成为他们的主人，让心在痛苦中挣扎。

曾有个叫支离疏的楚国人，他的形体是造物主的一个杰作，亦或者说是造物主在心情开朗时所开的玩笑：脖子像丝瓜，脑袋形似葫芦，头垂到肚子上，双肩高耸超过头顶，颈后的发髻蓬松似雀巢，背驼得导致两肋几乎同大腿并列，好一个支离破碎、疏疏散散的"美人"坯子。而支离疏却偷偷开心，感谢上苍独爱于他。平日里，支离疏以乐天知命的态度生活，没有任何顾忌，日高尚卧，自由自在，替人缝补衣物、簸米筛糠，以此来养家糊口。当君王准备打仗，在国内强行征兵时，青壮汉子整日担惊受怕，四散逃入山中。而支离疏呢，却毫不顾忌地去看热闹，因为他这形骸谁会要呢？所以他才那样大胆放肆。当楚王大兴土木，准备建造皇宫而摊派差役时，健全的庶民百姓无一幸免，而支离疏却因形体不全而免去了劳苦服役。每逢冬季寒冷，官府开仓赈贫时，支离疏便开心地领到 3 升小米和 10 捆粗柴，过着衣食无忧的日子。

形体残缺的人，尚能乐天知命，以淡然的心性快乐地生活。那么，形体健全的人是否更应该知足知止呢？把遗形忘智、大智若愚的精髓放在为人处世上，就可以大事化小、知足常乐。

找准自己的位置好好地活

俗语说得好：人比人气死人。人在社会上生存，如果一切都和他人攀比，在心理上就很难达到平衡。因此，人们要学会不攀不比，找准自己的位置好好地活，活出属于自己的光芒人生。

大多时候，人们往往对自己拥有的不自知，而只是看到别人拥有的。与此同时，人们也不会去想别人的生活也许并不适合自己。

在这个世界上，最重要的事物是什么呢？它既不是你所失去的，也不是你没有得到的，而是你正拥有的。

有一天，王子一个人来花园里散步，使他十分诧异的是，花园里所有的花草树木都枯萎了，园中一片荒凉。后来王子了解到：橡树由于嫌弃自己没有松树那么高大挺拔，因此轻生厌世死了；松树又因悲哀自己不可以像葡萄那般攀缘在架上，不能像桃树那样开出漂亮娇艳的花朵，于是也死了；牵牛花也凋零了，因为它惋惜自己没有紫丁香的芬芳。其余的植物也都因为各种各样的原因伤心气馁，毫无活力。只有一棵小小的心安草在茁壮地成长着。

心安草因为安心踏实地做好一株小草而长得特别旺盛。同理，人们无节制地攀比和不自量地要求，都将给自己带来巨大的心理负荷。所以要学会剔除掉不必要的忧愁，让自己过得开心快乐。

欣赏生活中的美

美无处不在。

　　生活是一幅亮丽的画卷。我们要学会发现生活中的美，懂得欣赏生活中的美。在五彩缤纷的生活中，我们一定要记住，时常停下我们匆忙的脚步，学会改变心境，释放自己的压力与烦恼，善于发现生活中的美，这样，我们便会感受到生活是不缺乏美好的。

　　《古兰经》里有句话："如果你叫山走过来，山不走过来，你就走过去。"我们都应当有"走过去"的思想，恰当地改变自己的情趣，给生活注入一点新鲜的血液，让麻木的神经得以缓解。在悠闲的时刻，我们可以去关注一下路边正在吐绿的垂柳，窗台上正在含苞待放的花朵，还有那清新的海风，山雨欲来的潮湿空气，草叶上的露珠，淡淡的薄雾；也可以在宁静的夜空下闲适地仰靠在窗前，欣赏那璀璨的星光……如果你懂得去发现、去欣赏，你就会发现生活其实是幸福快乐的。

生活中处处透着平凡，与此同时也是多姿多彩的。曾几何时，我们喜欢在下雨的日子里撑一把小伞，在雨中穿行，踩着地上的小水洼，让凉凉的感觉穿过脚底、透进心里，这让我们觉得十分舒服。之所以这样做，不因其他，只为转换一下心情。也曾在有雨的日子，端一杯香茗独坐窗前，聆听敲打玻璃的雨声，那滴滴答答的雨击打着心田，思绪已随雨慢慢飘远……也曾在有雨的日子，放下手头所有的事，躺在床上美美地睡上一觉，让疲惫的心享受片刻的清闲，在梦中遨游。而今，我们长大了，开始为了生活而忙碌奔波，工作和生活中不乏压力，不再悠闲自在，但只要你学会让心灵适当地休息一下，停下你匆匆的脚步，改变心境，放松心灵，及时地把心灵中无用的垃圾清除掉，及时给心灵减负，为心灵释放点空间，也能活得轻松与快乐。

其实，生活是一幅亮丽的画卷。只要你懂得去发现平凡中的美，去欣赏和体会平淡中的真实，那么你的人生就会变得色彩斑斓。

不依赖外物，获取真正的自由

何为逍遥？庄子的《逍遥游》中曾有这样的说法："若夫乘天地之正，而御六气之辩，以游无穷者，彼且恶乎待哉！"意思是说，如果人们能做到顺应天地万物的本性，掌握六气的变化，而在浩瀚宽广的境界中翱翔，那么他们就无须再仰赖什么了。这样的人，因为不依赖外物，自然而然就可以逍遥地畅游于天地之间。

一个人怎样就得不到自由了呢？他的精神为什么不能获得自由呢？学术大师徐复观先生通过对《庄子》一书解释，认为：一个人之所以不能获取自由，是因为这个人自己不能控制自己，须受外力的牵扯。被外力牵扯，即会受到外力的限制甚至支配。这种牵扯，庄子称之为"待"。

实际上，我们每天都渴望着能够获得自由，一个人要想获取人生的自由，必须超越"待"字，摆脱外力的牵扯，这样才可以确确实实地走向《逍遥游》中所说的境地。

有一则趣事，即在告诫人们毫无价值的执着是多么愚蠢的事情。

那是马祖和尚和南岳和尚在修行时发生的事情。一天，南岳和尚来拜见马祖和尚说："马祖，你最近在做什么？"

"我每天都在坐禅。"

"哦，原来如此，你坐禅的目的是什么？"

"当然是为了成佛呀！"

坐禅其实就是希望真正地关照自我，而悟道成佛则是一般人对坐禅的认识，马祖也这么认为。

可是，南岳和尚一听到马祖和尚的话，竟然拿来一枚瓦片，静静地磨了起来，觉得匪夷所思的马祖和尚便开口问：

"你究竟想干什么啊？"

南岳和尚平和地回答："你没有看到我在磨瓦片吗？"

"你磨瓦片做什么？"

"做镜子。"

"大师，瓦片是没法磨成镜子的。"

"马祖啊，坐禅也是不能成佛的。"

南岳和尚用瓦片根本不可能磨成镜子的鲜活事实来提醒马祖和尚整天坐禅也不能成佛，这个对话的内容看似有点无厘头，实际上却意义非凡。

综上所述，一般人都认为坐禅是悟道成佛的唯一方法，因此在修行时非常看重坐禅，主张彻底地去做；不过，南岳和尚看到马祖和尚成天坐禅的生活，是不赞同的。

为什么呢？南岳和尚的言外之意是想告诉马祖和尚，他只是过分地去追求坐禅的形式。虽然坐禅很有意义，可是如果被坐禅所约束，心的自由就会受到限制、控制，也就无法悟道成佛了。因此，对于坐禅，一旦过分偏执于其中，反而需要予以否定了。否则一旦陷入执着，导致的将是一无所有。

换句话说，人们经常偏执地去追求一些无谓的东西，就无法真正自由地生活，也无法真正地实现自我追求。

因此，对于任何事不要过于执着，要学会收放自如，就像庄子所说的，如果能够遵守宇宙万物的规律，把握"六气"的变化，遨游于漫无边际的境域，那他还会仰赖什么呢？一个人不再依赖外物的时刻，那便是真正获取自由的时候！

生活的节奏要靠自己掌握

　　村里有一位善骑马、射箭的猎人。一次，他看到一件有趣的事情。那一天，他偶然发现村里一位十分严肃的老人与一只小鸡在玩说话游戏。猎人心生好奇，为何严肃的老人会如此童真童趣呢？

　　他带着疑问去问老人，老人说："你为什么不把弓带在身边，并且时刻把弦扣上？"猎人说："天天把弦扣上，那么弦就失去弹性了。"老人便说："我和小鸡游戏，理由也是如此。"

生活亦是如此，每日事情繁多复杂，若不懂得劳逸结合，把握生活的节奏，天天疲于劳作与应酬，那些烦琐之事便会压得我们喘不过气来，无力回天。

人们往往因违背了生活的规律，不懂得把握生活的节奏，导致一系列生理病症的突发，不可避免地出现了"职业病"，如视力下降、腰酸背痛、失眠多梦、情绪不稳甚至猝死的状况，给人们生活、工作及心理造成无形的压力。

我们为何不更换一种心态，适时放松自己，寻找属于自己的快乐，何不试着偶尔停下手中繁重的工作，分一些时间给兴趣、爱好，古人云"偷得浮生半日闲"，暂时放下忧愁，自在闲适，不失为大智慧。记得有一位网球运动员，每次比赛前别人都去练网球，他却一个人独自去打篮球，被问为何不去练网球时，他的答案是：这时打篮球比打网球更能使全身放松。由此可见，偶尔做一些其他事可以缓解压力，放松身心。

莫言时间仓促不待人，当你下班赶着回家做家务时，不妨提前一站下车，花半小时慢慢步行，闲看庭前花开花落，无欲无求，会感到怡然之情油然而生。

游历名山大川并不是每个人都能办到的，但田野、公园却近在身边，学会忙里偷闲，亲近自然，作片刻休息，则人人都能做到。

拿起容易，放下难

《菜根谭》中写道：放得功名富贵之心下，便可脱凡；放得道德仁义之心下，才可入圣。意思是说，能丢开追逐功名富贵的思想包袱，就可以超越庸俗的尘世；不受仁义道德等教条的束缚，才能进入圣贤的境界。

人们常说一个人要拿得起放得下，而付诸行动时，拿起容易，放下难。所谓放下，也就是我们常说的要敢于放弃，就是遇到千斤重担压心头，也能把心理上的重担卸掉，使心轻松自如。

放弃不等于颓废，不等于厌世。人生在世，如果追求得过多，背上的"包裹"也就越来越多，越来越沉，如果你什么都不愿放弃，那么你的身心也就会越来越累。

一位老师带着他的一个学生打开了一个神秘的仓库。这个仓库里装满了发着奇光异彩的宝贝。仔细看，每个宝贝上都刻着清晰可辨的字，分别是骄傲、谦虚、正直、快乐、爱情、虚荣、骄傲、功名、利禄……这些宝贝都是那么漂亮，那么迷人，这个学生见一件爱一件，抓起来就往口袋里装。

可是，在回家的路上，这个学生才发现，装满宝贝的口袋是那么沉。没走多远，他便感觉到气喘吁吁，两腿发软，再也无法挪动脚步。

老师说："孩子，我看你还是丢掉一些宝贝吧，后面的路还长着呢！"

这个学生很不情愿地在口袋里翻来翻去，不得不咬咬牙丢掉两件宝贝。但是，宝贝还是太多，口袋还是太沉，他不得不一次又一次地停下来，一次又一次咬着牙再丢掉一两件宝贝。"虚荣"丢掉了，"骄傲"丢掉了……口袋的重量虽然减轻了不少，但他还是感到很沉很沉，双腿依然像灌了铅一样重。

"孩子，"老师又一次劝道，"你再翻一翻口袋，看还可以丢掉些什么。"于是，他终于把沉重的"功名"和"利禄"丢掉了，只留下"谦虚""正直""快乐"和"爱情"。一下子，他感到说不出的轻松。但是，当他们走到离家只有一百米的地方，年轻人感到了前所未有的疲惫，他真的再也走不动了。

"孩子，你看还有什么可以丢掉的，现在离家只有一百米了。

回到家，等体力恢复了还可以回来取。"

学生想了想，拿出"爱情"看了又看，恋恋不舍地放在了路边。他终于走回了家。

可是他并没有想象中的那样高兴，他在想着那个让他恋恋不舍的"爱情"。老师过来对他说："爱情虽然可以给你带来幸福和快乐，但是它有时也会成为你的负担。等你恢复了体力还可以把它找回来，对吗？"

第二天，他恢复了体力，循着来时的路找回了"爱情"。他真是高兴极了，欢呼雀跃，感到无比幸福和快乐。这时，老师走过来摸着他的头，舒了一口气："啊，我的孩子，你终于学会了放弃！"

一个人倘若将所有的欲望都背负在身，那么纵使他有一副钢筋铁骨，也会被压倒在地。

昨天的辉煌不能代表今天，更不能代表明天，过去的成就只能让它过去。

若想学会放弃，还要对已失去的事物有一种"既然已失去，就让它失去吧"的心态。

有一个收藏家酷爱陶壶，他收集了无数个茶壶。只要听说哪里有好壶，不管路途多远，他一定亲自前往鉴赏。如果他中意了，而且对方也愿意割爱，花再多钱他也舍得。在他所收集的茶壶中，他最中意的是一只龙头壶。

一日，一个许久未见的好友前来拜访，于是他拿出这只茶壶泡茶招待这位朋友。二人开心地畅谈着，朋友对这只茶壶所泡出的茶赞不绝口，因此好奇地将它拿起来把玩，结果一不小心茶壶掉落到地上，应声破裂，两人顿时陷入一片寂静，都为这巧夺天工的茶壶惋惜不已。

这时，这位收藏家站了起来，默默收拾这些碎片，将他交给一旁的助手，然后拿出另一只茶壶继续泡茶说笑，好像什么事也没发生过一样。事后，有人就问他："你最钟爱的一只壶摔碎了，难道你不觉得惋惜吗？"收藏家说："事实已经造成，留恋摔碎的茶壶又有何益？不如重新去寻找，也许能找到更好的呢！"

我们每个人都想要很多"宝贝"，但你不可能什么都得到，在某些时候一定要学会拿得起、放得下。拿得起是勇气，放得下是肚量，拿得起是可贵，放得下是超脱。

生活中，有些人总想什么都得到，很多事总是放不下。结果，越放不下越得不到。而有些人凡事都随遇而安，不但可以绝处逢生，而且能够抓住机遇，获得意想不到的成就。

在通常情况下，"放得下"主要体现在以下几方面：

财能否放得下。李白在《将进酒》中写道："天生我材必有用，千金散尽还复来。"如能在这方面放得下，可称得上是非常潇洒地"放"。

情能否放得下。人世间最说不清、道不明的就是一个"情"字。陷入感情纠葛的人，往往会理智失控，剪不断，理还乱。若能在"情"上放得下，可称得上是理智地"放"。

名能否放得下。有些人喜欢争强好胜，对名看得较重，有的人甚至爱"名"如命，累得死去活来。倘若能将"名"放得下，就称得上是超脱地"放"。

愁能否放得下。现实生活中令人忧愁的事实在太多了，就像宋朝女词人李清照所说的："才下眉头，却上心头。"忧愁可说是妨害健康的"常见病""多发病"。狄更斯说："苦苦地去做根本就办不到的事情，会带来混乱和苦恼。"泰戈尔说："世界上的事情最好是一笑了之，不必用眼泪去冲洗。"如果能将忧愁放下，那就可称得上是幸福地"放"，因为忧愁少了的确是一种幸福。

不求心满意足，只愿恰到好处

可口的山珍海味，多吃会伤害肠胃，等于是毒药害人，如果只是刚好吃饱就不会伤害身体；凡事不可只求心满意足，保持在恰到好处的限度上就不至于多生事端。

人的欲望是无穷无尽的，如果对于自己的欲望不加以控制，而是一味地满足，那么不仅不会给自己带来幸福，反而会招来祸患。美味佳肴虽好，

吃多了也会损伤肠胃；有些事虽能使身心快乐，沉溺于其中往往也会损害德行，严重时甚至使人身败名裂。人不能完全压制自己的欲望，也不能完全放纵自己的欲望，而要将它控制在一定范围内。这样既不会使自己因为放纵欲望而招来祸患，也不会使自己因为过分压制欲望而产生扭曲心理。根据道德原则来做事情，在一定的条件下，可以尽量使自己的欲望得到满足。时时压制自己的欲望不可取，因为欲望如果不能得到及时的满足，而总是受到压制，那么它也许会在某一时刻以一种不可控制的方式爆发出来，从而带来一系列危害。当条件不允许的时候，就需要控制自己的欲望，采用某种方式疏导欲望。

"过犹不及"，说的就是凡事恰到好处最妙，如果一件事情做过头了，反而会给自己带来伤害。也就是说，凡事都需要把握一定的尺度，超过一定的尺度，好事就会变坏事，美味佳肴就会变成伤身的毒药。世界上万事万物都是如此，在一定的尺度内，我们能够利用许多事物为我们服务，而超过一定的尺度，这些事物就会给我们带来危害。

老子给后人留下了许多至理名言，其中有一句是这样说的："知足不辱，知止不殆，可以长久。"这句话的意思是显而易见的，只有"知足"和"知止"的人才能长久立身。当我们丢掉生活中的许多"不知足"后，才能让快乐的心情永远占据自己思维的空间，从而尽享人生的乐趣。

现实生活中的每一个人都希望活得潇潇洒洒、快快乐乐，谁也不想做"林黛玉式"的人物。然而，如果在人生的历程中奢求得太多，认识不到愿望与现实总是有差距的，或者对自己已经得到的东西不好好珍惜，在利益面前从不止步，那么结果就不会好到哪里去。一味地去追求个人利益之所以可悲，是因为客观方面的"荒漠"不可逾越，而有些人却偏要拼命往里撞，朝里钻，其结局便可想而知了。这种失去理智的行为是导致快乐的生活离我们越来越远乃至消失的一个主要原因。

当然，我们这样说，并不是要求现实生活中的人们都摒弃对功名或利禄等的欲望。在一定意义上讲，包括功名、利禄在内的各种欲望，只要在正当、积极的范围内，都能变成一个人走向成功的强大驱动力。但是，在人生的征途中，如果一个人的欲望太过分，尤其是追求金钱、享乐的欲望太过分，那就无异于自寻穷途末路，到头来必然是欲极悲来，悔之晚矣。

Part
02

不知道世界有多好 不放手，永远不

适时放下才能拥有

鸣蝉奋力挣脱掉自己的外壳，才获得展翅高飞、自由歌唱的机会；壁虎勇敢地咬断尾巴，才在绝境中获得了重生的希望；算盘若填满所有的珠位，也就失去了存在的价值。我们的生活也是如此，握紧拳头，你什么都得不到；伸开手掌，你将拥有全世界。

一个渔夫，在大海里捕到一只海龟。

他把它抱回了家，放到了自己的床上，温柔地和它说着话。晚上还给它盖上了崭新的被子，把最新鲜的鱼、虾端到它面前。

然而，海龟不吃不喝不动，泪流满面。

"你为什么哭呢？你知道，我是多么爱你啊。"渔夫问。

"可是我的心里只有大海，那里有我的家，有我的孩子，有我的快乐。请你放我回去吧！"海龟说。

可是，渔夫舍不得放弃它。过了好久好久，看着心爱的海龟日渐消瘦，精神萎靡，渔夫终于决定放它回到大海。"你这个冷酷无情的海龟，我几乎把整个心都交给了你，却得不到你一丝一毫的爱。现在，我成全你，你走吧。"

海龟慢慢地爬走了。

半年后的一天，渔夫正在午睡，忽然听见门外有声音。他出门一看，原来是之前他放走的那只海龟。

"你回来干什么？"

"来看看你。"

"你已经得到了你的幸福，何必再来看我呢？"渔夫问。

"我的命是你给的，幸福也是你给的，我忘不了你。"海龟说。

"唉，你去吧！只要你能幸福就够了，以后不必再来看我了。"渔夫伤感地说。

就这样，海龟依依不舍地走了。

然而，一个月后，海龟又来了。

"你又来了？"

"我忘不了你。"

"为什么会这样呢？当我希望永远将你据为己有时，却丝毫无法打动你；当我放弃你时，却获得了你的心。"渔夫深有感触地说。

很多事情，放下了，往往也就拥有了。工作上，把名利放下了，就可以全心全意地去把事情做好；生活中，把一些不愉快的记忆放下了，就能过得更洒脱、更自在。所以，只要把杂念统统放下，人就能从桎梏中走出来，拥有更快乐的人生。

一天，一个登山者突然从山上滑落，他拼命抓住绑在自己手上的绳子，总算停了下来没有掉下去。山中大雾弥漫，上不见顶下不见底，他绝望地呼喊："有人吗？快救救我吧。"这时一个声音突然响起："我是路过的，你希望我救你吗？"那个人大喊："是的，是的。"过路人问："那你愿意相信我吗？"那个人连忙说："当然愿意。"过路人说："那好吧，现在把你的手松开。"

那个人不禁一惊，心想这不是害我吗？然后，沉默了半天，始终没有松开手，仍然是紧紧地抓住绑在自己手上的绳子。

结果，第二天，救援者只找到了那个人的尸体，他在夜里被活活冻死，而令救援者困惑的是，他紧紧抓着的绳子，离地面也不过3米而已。

放手，对任何一个人来说，都是一个痛苦的过程。因为放弃，有时候便意味着不再拥有。但是，如果不想放弃，却想拥有一切，最终只能一无所有，这是生命的规律。有人说："取是一种能力，舍是一种勇气，没有本事的人取不来，没有胸襟的人舍不得。"所以，我们每个人都应该懂得，有得必有失，有失必有得，你每一次的放弃可能在酝酿着下一次的拥有，人生就是这样一个得与失不断重复的过程。

坚持做自己，不为他人所左右

《伊索寓言》中有这样一个故事：

　　一个老头儿和一个小孩子赶着一头驴子去赶集。赶完集回来，孩子骑在驴上，老头儿跟在后面。路人见了，都说这孩子不孝，让老年人徒步，自己骑驴。孩子听了连忙下来，让老头儿骑驴。于是旁人又说老头儿心狠，自己骑驴，让小孩子走路。老头儿听了，把孩子抱上来一同骑驴。骑了一段路，又有人说他们两个人骑一头小毛驴，把驴都快压死了。两人只好都下来走路。可是人们又笑他们是傻瓜，有驴不骑却走路。老头儿听了，对小孩子叹息道："看来我们只剩下一条路：扛着驴子走！"

不能坚持自己的原则，总是被他人的言行所左右，最终只会落得个左右不是、不知所措、徒增烦恼的下场。

许多人就像上述故事中所讲的老头儿和孩子，总想做得面面俱到，别人说什么，他就做什么，谁有意见，就听谁的。可是面面俱到可能吗？不可能，因为总会有人不满意，若想兼顾，自己便会落得个无所适从的境地。

事事想面面俱到，想讨好或不得罪每一个人，那是不可能的。我们怎么做都不可能顾及到每一个人的面子和利益。因为每一个人对同一件事的感受和看法都不同，让这个人满意，就很可能会让那个人不满意。你想做得面面俱到的结果只有两种：要么自己累死，要么任人摆布。

我们何不明智一点，快乐地做我们自己呢？按照自己的原则去做，不必勉强改变自己，不必费心掩饰自己。让我们少一些精神的束缚，多几分心灵的舒展，让我们少一点不必要的烦恼，多几分快乐与轻松。

爱默生在《论自立》中曾写过这么一段话：

每个人在受教育的过程当中，都会有段时间确信：嫉妒是愚昧的根苗，模仿只会毁了自己；每个人的好坏，都是自身的一部分；纵使宇宙充满了好东西，不努力你什么也得不到；你内在的力量是独一无二的，只有你知道自己能做什么。

查理·卓别林刚刚开始拍电影的时候，导演让他模仿当时一位著名的喜剧演员，可他一直都提不高水平，直到他找到了自己的戏路，才成为举世闻名的喜剧大师。

又如欧文·柏林与乔治·格什温两人相遇时，柏林已是有名的作曲家，而格什温每星期只能赚35块钱，只是个无名小卒。柏林由于欣赏格什温的才华，愿付3倍的价钱聘他为音乐助理。但同时柏林也说："你如果接受这份工作，可能会变成一个二流的柏林；

假如你秉持本色奋斗下去，会成为一个一流的格什温。"格什温努
力奋斗，最终成了一代著名音乐家。

我们应庆幸自己是独一无二的，努力发挥出自己的特长。只要做自己，
我们就是快乐的。

将心灵的窗口调向快乐频道

一个人这样说他的一次经历：

　　一天下班后我乘巴士回家，车上的人很多，过道上站满了人。站在我前面的是一对恋人，他们亲热地拥抱着，那女孩背对着我，她的背影看上去标致、高挑、匀称，她的头发是染过的，并且是时髦的金黄色。她穿着一条当时流行的吊带裙，露出香肩，是一个典型的都市女孩，时尚、前卫，并且性感。这对恋人靠得很近，低声絮语，女孩不时发出欢快的笑声。笑声不加节制，似乎是在向车上的人挑衅："你看，我比你们快乐！"笑声使许多人把目光投向他们，大家的目光里似乎有艳羡，不，我发觉到他们的眼神里还有一种惊诧，难道女孩美得让人吃惊？我也有一种冲动，想看看女孩的脸，看那张漂亮的脸上洋溢着幸福会是什么样子。但女孩没有回头，她的眼里只有她的情人。

　　后来，他们大概讲到了电影《泰坦尼克号》，这时那女孩便轻轻地哼起了电影的主题歌，女孩的嗓音很美，把那首缠绵的歌表现得很到位，虽然只是随便哼哼，却有一番很动人的力量。我想，只有拥有足够幸福和自信的人，才会在人群里肆无忌惮地欢歌。这样想来，便觉得心里酸酸的，像我这样从内到外都极为黯淡无光的人，什么时候才敢这样旁若无人地唱歌？

很巧，我和那对恋人在同一站下了车，这让我可以看看女孩的脸。我的心里有些紧张，不知道自己将看到一个多么令人愉悦的绝色美人。可就在我大步流星地赶上他们并回头观望时，我惊呆了，我也理解了之前车上的人那种惊诧的眼神。我看到的是张什么样的脸啊！那是一张被烧坏了的脸，用"触目惊心"这个词来形容毫不夸张！真是很惊异，这样的女孩居然会有那么快乐的心境。

那个人讲完他的经历后，深深地叹了口气并感慨道："上天真是公平的，他虽然把霉运给了那个女孩，但也把好心情给了她！"

其实，掌控你心灵的，不是上天，而是你自己。世上没有绝对幸福的人，只有不愿快乐的心。倘若你能放下周遭不快，掌握好自己的心舵，快乐必定属于你。

我们每天都要快快乐乐。

有些人常常会有假想敌，然后累积许多仇恨，使自己产生特别多的"毒素"，结果把自己活活毒死。

你心中是不是偶尔也怀着一股怒气呢？要知道这样，受伤害最大的是你自己，为什么不看开点，放自己一马，将自己心灵的窗口调向快乐频道呢？别忘了，莎士比亚这样说过："使心地清净，是青年人最大的诚命。"

需要放手时就放手

有一位禁欲苦行的修道者，准备到无人居住的深山去隐居修行，他只带了一块布当作衣服，就只身到山中去了。

后来衣服需要换洗时，他意识到需要另外一块布来替换，于是他就下山到村庄中，向村民们乞讨一块布当作衣服，村民们都知道他的身份，毫不犹豫地就给了他一块布。

当他返回山中后，发觉在他居住的茅屋里面有一只老鼠，常常在他专心打坐的时候来咬他那件准备换洗的衣服，他早就发誓永不杀生，因此他不愿意去伤害那只老鼠，但是他又赶不走它，所以他回到村庄中，向村民要了一只猫来饲养。

之后，他又想到了——猫要吃什么呢？我并不想让猫去吃老鼠，只想让猫去震慑、赶走老鼠，总不能让猫跟我吃一样的东西吧！于是他又向村民要了一头乳牛，这样，那只猫就可以靠喝牛奶维生。

但是，一段时间后，他发觉每天都要花很多的时间来照顾那头乳牛，于是他又回到村庄中，找到了一个可怜的流浪汉，带着他在山中居住，帮他照顾乳牛。

过了一段时间之后，流浪汉跟修道者抱怨说："我跟你不同，我需要一个妻子，我要正常的家庭生活。"

　　修道者想一想也有道理，他不能强迫别人与他一样过着禁欲苦行的生活……

　　这个故事不断演变，你可能也猜到了，到了后来，整个村庄都搬到山上去了。

欲望犹如一条锁链，一个连着一个，永远都得不到满足。

《百喻经》里有一个故事：

　　从前有一只猕猴，手里拿着一把豆子，快乐地在路上一蹦一跳地走着。一不留神，掉了一颗，为了这颗掉落的豆子，猕猴马上将手中其余的豆子全部放置在路旁，趴在地上，转来转去，东寻西找，却一直找不到。

　　最后猕猴只好放弃，回头准备去拿原先放置在路旁的豆子，却发现那一把豆子全被鸡、鸭吃光了。

年轻时，追求某些事物，如果缺乏理智判断，而只是一味地投入，不也像故事中的猕猴只是顾及掉落的一颗豆子而丢掉一把豆子吗？想想，我们现在的追求，是否也是放弃了手中的一切，仅为了追求其他的一个东西呢！

在印度，人们用一种奇怪的狩猎方法捕捉猴子：在一个固定的小木盒里面，装上猴子爱吃的坚果，在盒子上开一个小口，刚好够猴子的前爪伸进去，当猴子抓住坚果后，爪子就抽不出来了。人们常常用这种方式捉到猴子，因为猴子有一种习惯，不肯放弃已经到手的东西，人们总会嘲笑猴子的愚蠢：为什么不松开爪子放下坚果逃命？但审视一下我们自己，也许就会发现，并不是只有猴子这样。

因为放不下诱人的钱财，费尽心思去获取，结果常常作茧自缚；因为放不下对权力的占有欲，热衷于阿谀奉承，不惜丢掉人格的尊严，一旦事情败露，后悔莫及……

让我们从猴子的悲剧中吸取一个教训，牢牢记住：需要放手时就放手。

别固守一个角度

相似的遭遇，态度不同，就有完全不一样的心境。

一位姓王的美国华侨因参加社区聚会时发生轻微痉挛而被送进了医院。医院急诊室里躺在华侨左右两边的两位男士，其病状都与他很相似。有位医生一向很谨慎，尤其是像王先生这种四五十岁以上、胆固醇高的男性病人，即使只是一点胸闷头晕，也要留院观察。

每个病人的身上都挂满了"电线"，做连续性心律监测，手上绑着量血压的仪器，最麻烦的是把针插到手臂的血管里，也不是打点滴，而是预先把针插好，以便心脏病发作时能够及时由那里注射。

王先生左边的那位男士，不断跟医生抱怨。说他马上要去度假了，但现在，躺在了医院里。王先生看他生气的样子，心想："冲你这脾气，就容易得心脏病。"

而巧得很，他右边的那位男士也正要出国。他是由于为公司做出贡献，公司出钱请他和夫人一起去欧洲旅行，他是出行前在公司举行的宴会上突然胸疼的。

他的夫人坐在旁边，拉着他的手："旅行去不了了！"那位男士笑着说："不过幸亏及时发作，要是出国再犯，就麻烦了。"

说完，两个人相视而笑："感谢上帝！"

听了两个人的对话，王先生不禁想起了自己的一位朋友。那位朋友攒钱，买了辆他梦想了半辈子的名牌轿车。

拿到新车的那一天，他特地开到郊外，感受一下好车的马力。因为没有熟练掌握新车的性能，他居然撞上了路边的大树，把车头撞坏了。

朋友们都认为他运气不好，几百万的全新轿车，第一天开就撞了。

但这位朋友却毫不伤心，反而对大家说："幸亏是好车，结实，所以车虽撞毁了人却安好。"

王先生还记得一次和一帮朋友去一家餐厅吃饭，也有相似的情况。一位服务小姐在上菜的时候不小心碰翻了一位客人面前的汤，洒了那客人一身。

那位客人站起来，一边用餐巾纸擦拭，一边笑说："幸亏我这碗汤已经凉了。"

还有一次，王先生去朋友家做客，几个孩子玩闹，把架子上一个玻璃花瓶碰掉了。

玻璃破碎的声音惊动了一屋子的人，只见那家的女主人冲过去，检查每个孩子，说："谢天谢地，没有孩子受伤。"然后，去给弄湿的孩子换衣服，再回头，一点一点地收拾地上的碎玻璃。

我们的祖先早就学会了从不同角度看这个世界。不小心砸碎了东西，他们会说"岁岁平安"；失了火，烧得一无所有，人们会说"愈烧愈旺"；一个人因治病花光了积蓄，大家会安慰他"留得青山在，不怕没柴烧"……

　　所以，我们永远不要忽略自己的情绪产生的能量，很多时候就要想开一些，换角度去思考，你会有柳暗花明的时候，如果还没有，那就是你还没有找到转换看世界思考的角度，要做的就是继续寻找。

不要留恋射出去的箭

　　3 位颇具天赋的女孩都进入了奥运会的射箭比赛的决赛，这让射箭队教练非常兴奋。当时，这 3 位少女都不满 17 周岁，而且以最好成绩计算，她们都排在世界前 10 名之列，换句话说，只要这 3 人发挥正常，这届奥运会上的女子射箭金牌铁定落入她们其中一人的囊中。

　　紧张的比赛开始了，主场观众的呼声不断响起，一声哨响后，观众们都静下心来，是队员们比拼的时候了。可令教练大为惊讶和不解的是，第一位天才少女在首轮即遭淘汰，她的成绩非常糟糕，连平时的一般训练水平都达不到。教练仰天祈祷：还好，我们是东道主，有 3 个人参赛，只有看其他两位队员的发挥了。

　　决赛才进行到一半，另一位少女的成绩开始不稳定，而且越来越不稳定，眼看她是拿不到冠军了，教练只好把希望寄予最后一名弟子。只见那少女异常沉着老练，她的每一支箭几乎都命中靶心。她获胜了，如愿以偿地取得了金牌，为国家赢得了荣誉，她就是韩国公认的"神箭手"金水宁。

　　赛后，教练问第一位弟子失败的原因，她说，她从一开始就想"保"，因为只要发挥出她的最高水平，她就可以力保金牌，可惜，她失败了；第二位弟子说，当她射出糟糕的一箭后，她很想"追"，可惜，她也失败了；问到金水宁时，金水宁平静地说："我眼中只有靶心，连箭都看不见了。"教练拍拍她的肩膀说："你已经知道什么是射箭了。"

对于自己保持良好成绩的秘诀，金水宁还有一句备受观众熟悉的话，那就是"我绝不留恋射出去的箭"。

谁都想获得成功，可由于心中有太多杂念，人生就会偏离方向，真正的高手只看得见"靶心"，一心扑着它而去，而从"只看得见靶心"到"绝不留恋射出去的箭"，就更是一种飞跃，一种升华。

绝不留恋射出去的箭，抛弃心中的杂念，已经发生的不要总是留恋，未来更值得我们期待。

要拿得起，更要放得下

从前，一位很有智慧的少年背着行囊赶路，不小心绳子断了，行囊中的砂锅掉到地上摔碎了。少年头也不回地继续向前赶路。路人提醒少年说："你不知道你的砂锅摔碎了吗？"少年回答："知道。"路人接着问："那为什么不回头看看？"少年说："既然碎了，回头看又有什么用？"说完，他便头也不回地向前走了。

显然，故事中的少年明智地看透了路人没看透的东西：既然砂锅都碎了，回头看又有什么用呢？

同样的，面对生活中的许多失败，已经无法挽回，惋惜、悔恨已经于事无补，与其在痛苦中挣扎浪费时间，还不如重新找一个目标，再一次为之努力奋斗。

人的一生中有许多东西我们终要放下。孟子说："鱼与熊掌不可兼得。"如果不是我们应该拥有的，就果断放弃吧。漫长的人生旅途，有所得到，亦会有所失去，只有适时放下，才能拥有一份成熟，才会活得更加坦荡、愉快和轻松。

然而，在现实生活中，人们放不下的事情实在太多了。比如做了错事，说了错话，受到上司或同事的批评，或者好心却让人误解，于是，心里总有一些解不开的结……总而言之，有的人就是这也放不下，那也放不下；想这想那，愁这愁那；心事不断，愁肠百结，结果损害了自己的身心健康。有的人之所以感觉有心无力，无精打采，未老先衰，就是因为习惯于将一些事情悬在心里不放下来，结果把自己折腾得既身累又心累。其实，跳出来看，让人放不下的事情多在财、情、名这几个方面。只要你不过分执着、一味苛求，想明白了、看淡了，自然也就会放手了。

俗话说得好："举得起、放得下的是举重，举得起、放不下的叫作负重。"要学会辨别生活中哪些是"负重"，并学会放弃。放弃之后，你会发现，原来自己的人生之路也可以轻松而洒脱。

现实有时会逼迫你不得不放弃一些东西。然而，有时放弃并不意味着失去，反而可能因此而得到。要想采一束美丽的山花，就得放弃居家的悠闲；要想做一名登山健儿，就得放弃娇嫩白净的肤色；要想跨越沙漠，就得放弃躺平的舒适；要想从深海中收获满船鱼、虾，就得放弃温暖安全的避风港；要想拥有纯净的生活，就得放弃心中的杂念。

今天选择放弃，明天我们便会得到新的东西。干大事业者不会计较一时的得失，他们都知道什么时候该放弃或该放弃些什么。一个人倘若将所有的欲望都背负于身，那么即使他有再大的能力，也会被压倒在地。

我们必须学会放弃：放弃失恋带来的痛苦，放弃屈辱留下的恨意，放弃心中难言的负担，放弃耗费精力的争执，放弃没完没了的解释，放弃对金钱的贪欲，放弃对虚名的争夺……凡是不必要的、不重要的都应放弃。

懂得放弃，是为了收获更多

人们总是舍不得放弃那些超出自己能力的目标，因此，常常平添哀愁，使自己在一次次的跌倒之后灰心丧气。不仅如此，人们总是因自己不肯舍弃而产生的烦恼而抱怨连连，从来不会想一想，是不是自己太过于固执。

旷野上，一群狼突然向一群鹿冲去。鹿群惊恐万分，四处逃窜。

这时狼群中一匹凶猛的狼冲到鹿群中，抓伤一头鹿的腿，随后又将它放回鹿群。

此后，狼群耐心地等待机会，它们轮流上阵，由不同的狼去攻击那头受伤的鹿，使那头可怜的鹿旧伤未愈又添新伤。最后，当这头鹿已极为虚弱，再也不会作出任何反抗的时候，狼群开始全体出击并最终把它当作共同的晚餐。实际上，此时的狼也已经饥肠辘辘，在这种数天之后才能见分晓的煎熬中几乎饿死。

有人问，为什么狼群不直接进攻那头鹿呢？因为鹿身躯庞大，如果踢得准，一蹄子就能把比它小得多的狼踢倒在地，非死即伤。要知道，狼群忍耐暂时的饥饿，为的是谋求更长远的胜利，这当然是一种可取的策略。

就像人一样，当人们为了获得成功而付出很多，但还是一无所获时，大多数人都会心灰意冷，有些人更是怨天尤人。可是，真正的智者是不会因为这些挫折而抱怨的，他们会放弃无结果的付出，转而寻找更有可能实现的目标。

有个人身陷荒凉的沙漠，在走了两天两夜之后，已经吃光所有的食物，更可怕的是，他已经没有水了。

然而，更不幸的事情发生了，这个人在途中遇到了沙尘暴。

风吹起漫天的黄沙，使他的眼睛都无法睁开。一阵狂风吹过之后，他发现自己已经迷失了方向。

两天后，烈火般的干渴使他陷入绝望。绝望中，他发现了一幢废弃的小屋。

当他拖着疲惫的身子走进小屋时，发现这里除了一堆废弃的木材之外，什么也没有。在他即将崩溃的时候却意外地在角落里发现了一台抽水机。

他兴奋地上前汲水，可任凭他怎么用劲儿也抽不出水。正当他颓然地坐在地上时，看见抽水机旁有一个小瓶子，瓶上贴了一张泛黄的纸条，纸条上写着：你必须用水灌入抽水机才能引水！不要忘了，在你离开前，请务必把瓶子装满！

他打开一看，发现瓶子里果然装满了水！

他犹豫了片刻——如果自私点儿，只要将瓶子里的水喝掉，他也许就不会渴死，有可能能活着走出这间屋子；如果照纸条上写的做，把仅剩的这些水倒入抽水机内，万一水一去不回，他就会渴死在这地方了——究竟该如何抉择？

思考良久之后，他终于决定遵从纸条的指示。没想到，抽水机里真的涌出了大量的水。

他尽情地解渴之后，也把瓶子里装满水，用软木塞封好，然后在原来那张纸条后面加上了一句自己的话：相信我，真的有用。

最后，他成功地存活了下来。

其实，适时放弃又何尝不是一件好事呢？与其囚困于一个目标，倒不如整理一下思绪，寻找下一个目标，踏上一段新的征程。

适时放弃是一种智慧，它会让你更加清醒地审视自我，思考外因，会让你疲惫的身心得到调整，从而获得轻松快乐的人生。因此，在生活中要懂得适时放弃，这是因为放弃不仅能去掉累赘，还能让你摆脱抱怨。

Part

03

人生漫漫，不妨
停下来看看风景

放弃一些无谓的忙碌

大家可能都有这样的经历：从早到晚忙前忙后的，没有一点空闲，但当你认真回想一下，又觉得自己这一天其实碌碌无为。这是因为我们花了很多时间在一些无谓的小事上，没有价值的忙碌只会让我们失去更多休闲的空间。

《时代杂志》曾经报道过一则封面故事——"昏睡的美国人"，主旨大意是说：很多美国人都很难体会"完全清醒"是怎样的状态。因为他们总是忙得没有空闲。

美国人终年"昏睡不已"，听着好像匪夷所思。不过，这并不是玩笑话，这是极为严肃的话题。

认真考虑一番，你一年之中是不是也像那些美国人一样，没多少时间是"清醒"的？

每天又忙又赶，加班、开会、应酬，还有很多数不清的家务劳动，几乎占据了你所有的时间。有多少次，你可以从容地和家人一起吃顿晚饭？有多少个夜晚，你可以不担心明天的业务报告，踏踏实实地睡个安稳觉？

眼花缭乱的杂务显然变成越来越艰难的挑战。许多人整日行色匆匆，疲惫不堪。放眼四周，忙碌似乎成为一般人共同的生活状态——忙是正常，不忙是不正常。试问，还有谁的档期未满吗？

此外，绝大多数的人还认为自己拥有的"不够"，总想追求更多。他们经常会说，"如果我有更多的时间就好了""如果我能赚更多的钱就好了"，可是好像特别少的人会说："我拥有的已经够了，我不再追求什么！"放弃有些想法和过多的追求，你将少些忙碌。

另外，有些芝麻绿豆大的事，也都在拼命耗费人们的精力，让人忙碌。比如，有很多人为了选择旅游地点、该穿什么衣服等而冥思苦想。

假如你的生活不由自主地被困在以上这些境地，忙碌不堪，你要来个"清理门户"的行动，那么有以下三种选择：第一，面面俱到。对每一件事都采取行动，直到自己筋疲力尽。第二，重新整理。改变事情的先后顺序，把重要的事情先搞定，不重要的以后再说。第三，丢掉、放弃。你会发现，丢掉的某些东西，放弃的某些想法与追求，对你的生活没有任何影响。

当你了解到自己被各种各样的琐事而烦扰得无法脱身时，难道你不想知道是谁造成这个局面的吗？是谁让你"昏睡不已"？答案清晰明了——是你，而不会是别人。

给生活留一些"空白"

"9月5号参加一个重要的谈判""9月6号参加公司的高层管理会议""9月7号去检查分公司的工作"……

在日常活动中，很多人的日程被提前安排得很拥挤。的确，他们是真的很忙，总有必须要处理的工作。但是，无论多么忙，我们都应该在日历上留下一处"空白"。当你在忙碌的工作之余，看到日历上没有任何计划的"空白"，你的心中会莫名地有一种放松感。"日历留白"是指定下完全属于你的时间，你可以做任何你想做的事情，也可以什么事都不做。在你的日历上"留白"，会给你一种平静的感觉，感觉自己并不是生活在时间的压力中。

只要你能为自己留一些空闲时间，你就能为自己做一些事，而不是在别人的要求下去完成一些事。

有时候你周围的人会请求你帮助做一些事情，或者你的领导、同事、邻居、朋友与家人需要你为他们做些什么。除此之外，你还有些社会责任，有些是你爱做的，有些则是你必须承担的义务。当然，即使是毫无关联的人的恳求也是不可避免的，譬如推销员的打扰。感觉好像每个人都想侵占你的一点时间，而你自己却毫无空闲时间。最好的解决之法便是和自己有约。和自己定约会的方法很简单：在日历上画出几个不让任何人打扰的空闲日子即可。

当你翻看你的行事日历时，你会发现某天或某一时段是属于自己的时间。除非是有特别的事情发生，否则任何事情都不能影响到你的这段时间。因为你已经有计划了，这个计划便是自己支配自己。这天或这个时段是一个和自己约会的神圣时光，你一定要好好享受那只属于你的轻松时刻。

和自己约会是需要时间慢慢地去适应的。也许刚开始这么做时，你的心中总是满怀恐惧，好像在荒废时间，错失机遇，只为一己之私。尤其是当你的日历上还有空闲时间，你对别人说没有时间便会觉得在欺骗对方！不过，很快你就会知道和自己约会是让自己精神饱满的有利方法。

在日历中留有"空白"将是你行事日历中不可缺少的计划，也是你应珍惜和保存的重要时光。

要想保证自己多数时刻保持着精神抖擞的状态，你可以从今天开始与自己定一些约会。一周一次或一个月一次都可以，而且时间长短不限，哪怕是几小时也好，关键是为自己留下个人时间。当你感到时间完全由你自己支配的时候，你便会有十分满足的欢快感，也更能体会到生活的美好。

跳出忙碌的圈子

　　欧仁和他的妻子王佳原来在一家国营单位工作，夫妻双方都有一份固定的收入。每逢节假日，夫妻俩都会带着 5 岁的女儿小燕去公园、游乐园嬉戏，或者到博物馆去参观，一家三口和谐快乐。后来，经人介绍，欧仁跳槽去了一家外企公司，一段时间后，在丈夫的带动下，王佳也离职去了一家外资企业。凭着优秀的业绩，欧仁和王佳都成了各自公司的核心力量。夫妻俩白天辛勤奔波，努力工作，有时忙不过来，回家后还会继续工作。5 岁的女儿只能被送到寄宿制幼儿园里。王佳觉得自从自己和丈夫跳到外企之后，家便如同旅馆一样了。孩子一个星期回来一次，有时她要出差，与孩子甚少相见。不知不觉中，孩子幼儿园毕业了，在毕业典礼上，她看到自己的女儿表演节目，居然几乎不认得自己这个乖巧却可怜的孩子了。孩子跟着老师学习、成长了那么多，可是在亲情的"花园"里，她却是孤寂可怜的。频繁的加班掠夺了王佳周末陪女儿的时间，以至于曾经最亲近的女儿在自己的眼中也显得陌生了。这一切都让王佳迷惘和不安起来。

你可曾像王佳一样深陷迷惘与不安中呢？面对生活，我们的内心有时会发出微乎其微的呼唤，只有躲开外在的嘈杂喧闹，悄悄地聆听它，才会做出正确的选择，否则，你将在忙碌吵闹的生活中迷失自我。

有时期望太高并不会带给你愉悦感，反而会一直制约着你的生活。要想过一种简约的生活，改变过高的期望是很关键的。富裕奢华的生活需要付出极大的代价，而且有时并不能相应地给人以幸福。如果我们降低对物质生活的需求，改变心态，我们便会有更多的时间来丰富自己的精神生活。

生活有时也需要用简单来奠定。跳出忙碌的圈子，丢掉过高的期望，认真地体验生活、享受生活，你便会了解到生活本是简单而充满乐趣的。

放缓生活的节奏

　　人生在世，许多人经常说的话便是"我忙啊"。忙得没时间常回家看看，没时间与好友聚会，没时间静静恋爱……

　　朋友们，要想尽情地享受生活，就一定要学会放慢脚步。当你停止疲于奔命的生活时，你会发现生命中原来有如此之多之前未发觉的美；当生活在欲求无边无际的状态时，你是没有办法去领悟生活的本质的。

　　虽说放缓生活的节奏对一直急躁的人来说实属不易，而且许多人对此根本就无暇考虑。但享受生活的一个重要条件就是，戒掉急躁，停下来思考，发掘自己的兴趣、爱好，并最终放慢生活的节奏。

由于我们一直追赶着时间，所以很少有机会与朋友谈心，结果我们就变得越来越孤独；因为忙碌，所以很多时候我们只知道依据温度来加减衣服，却忽略了欣赏四季的美景，就这样不知不觉地过了一年又一年。

古人曾说："此身闲得易为家，业是吟诗与看花。"这种寄生于绿柳红墙的庄园主乐趣，现代多数人无法享受，因为他们早就因为忙碌把这种情调掩埋了。

著名的英国散文家斯蒂文曾在散文《步行》中说过："我们这样匆匆忙忙地做事、写东西、挣财产，想在永恒时间的微笑的静默中有一刹那使我们的声音让人可以听见，我们却忘记了一件大事，在这件大事中这些事只是细目，那就是生活。我们钟情、痛饮，在地面上来去匆匆，像一群受惊的羊。可是你得问问你自己：了解一切之后，你原来如果坐在家里的火炉旁快快活活地想着，是否更好些。安静地坐着思考——记起女子们的面孔而不起欲念，想到人们的卓越成就，快意而不羡慕，对所有的一切都充满同情并且存在深深的体悟，安心留在你所在的地方——这不是同时懂得智慧和德行，不是和幸福住在一起吗？"

他警示我们，假使我们一直很忙碌，我们会忘记生活本来所应有的真谛与开心。

因此，放缓一下步调，痛快地去享受吧！因为享受生活是帮助我们充实人生、让人生具有活力的最好的办法。

放下所谓的"面子"

死要面子活受罪。

　　你明知道自己的观点根本站不住脚，你明知道自己有问题，你明知道那样的做法是得不偿失，然而，为了面子，为了时刻高昂起你尊贵的头颅，你忘记了如何权衡利弊，甚至宁愿一错再错，也要一意孤行，撞到南墙也不回头。

　　其实，有时候面子并不重要，没有多少人会真的在乎你是否丢脸，只是你自己过于在乎有些事而已。对于别人来说，你只是一时谈资，没有多少人会对你的一切无法忘怀，包括辉煌的过去或者一时的失误。

当你试图掩盖错误而保全你的面子时，也许会加深别人对你的意见。别为掩盖了错误而沾沾自喜，这并不是什么值得炫耀的事情，真相是无法掩饰的。没有人是不折不扣的笨蛋，事实是就算别人现在不知道，当发现后也会对你多此一举的行为议论纷纷。有时人们不会因为你的错误而嘲笑你，但会看不起你掩饰错误的懦弱。

承认自己的失误是件容易事，总比你用一个又一个的谎言来掩盖要容易得多。

遇到让自己下不来台的时候，从容地笑笑，有则改之，无则加勉，就算处境难堪，也要坦然面对，相信一切总会有转折。

赵晓宇一路顺风顺水，大学毕业后也顺利找到工作。他对自己的工作能力十分自信，而且，公司也很认可他。但在一次公司的项目方案讨论会上，年轻气盛的赵晓宇跟部门一位资格很老的员工因意见不同争吵起来。

这场争吵风波平息之后，赵晓宇静下来想想，前辈的话也有道理，毕竟人家过的桥比自己走的路要多。但是从小到大，身边的家人、朋友无一不是以软语温言与自己交流，自己从来没有这样被批评过。于是，为了维护所谓的面子，他拒绝主动跟那位前辈道歉，偶尔在走廊里遇见了，也是高昂着头假装没看到。

日子久了，别人也开始议论，赵晓宇只能假装没听到。

让赵晓宇没想到的是，在一次聚会中，已经僵持了很久的那位老前辈居然主动给他斟了一杯酒，以求和解。一时间，赵晓宇觉得自己实在是小肚鸡肠，为了维护无足轻重的面子，反而更加丢人。

很多时候，我们想得很透彻，但因顾及面子而放弃了原本正确的决定。

其实这样的做法完全没有必要，别把面子想象得那么重要，这样你才不会因面子问题而失掉更多。

每个人都想听好话，那些夸奖的话语就像是午后阳光下墙角的花朵，闪动着浓浓的暖意。然而，身边总会有有心或无意的话语，因为不好听，让你觉得备受打击，有损颜面。它们好似一根针，扎破皮肤，冒出血液；好似口中卡着一根鱼刺，吐不出来咽不下去；又好似一盆凉水，浇在滚烫的心上，吱吱作响。

其实，生活中，有很多重要的事情等着我们去做，我们不要浪费时间去计较别人的一些闲言碎语。当你为了所谓的面子，与之针锋相对、大吵大闹时，可能会连颜面和风度一起失掉了，倒不如保留那份大度，去做更有意义的事。

别想太多，无事一身轻

　　一个人最大的幸福莫过于无烦心的琐事可牵挂，而一个人的忧愁则是从"想太多"开始滋生的。那些整天奔波劳碌、被琐事缠身的人，往往不知道无事一身轻是最大的幸福；那些经常平心静气、怡然自得的人，往往懂得"想太多"是烦恼的根茎。

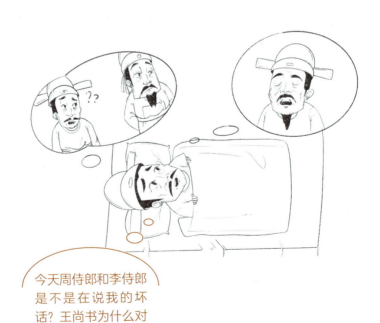

今天周侍郎和李侍郎是不是在说我的坏话？王尚书为什么对我那么冷淡？

一个人应当懂得"人之心胸，多欲则窄，寡欲则宽"的道理，这样就不会被琐事缠身，不会为闲言困扰。一个人也应该懂得"知足使穷人富有，贪婪使富人贫穷的道理"。这样才能让心境变得安然恬谧、宁静祥和。

此外大多数的是非都由多事而招来，多事又源于多心，多心是招致灾祸的最大根源。所谓"疑心生暗鬼"，很多人由于疑心而把事情办砸，其道理就在于此。一个光明磊落的人自然俯仰无愧，根本不用怀疑别人对自己有什么不利的言行。只有庸人、小人、野心家才整天为依附权势、争夺名利奔波，甚至因闲言碎语费尽心神地猜疑、算计别人，可见他们的思想境界很低，难以意识到自己的可笑、可悲。

多心猜疑是人生的大敌，既易伤害别人，又易作茧自缚，令自己苦恼不堪，就像下面这个故事中的人物一样：

王平不爱言语，平时很少与同学交往，即便是同寝室的同学，他也很少接触。有一次，王平经过寝室，恰好听到室友们正在以一种讥讽的语气议论她。当时她很伤心，却没有勇气走进去捍卫自己的尊严，只是悄悄地走开了，从此，这事在她的心里留下了抹不去的阴影。渐渐地，她变得越来越不爱与人交往，而且也越来越多疑了。平时，只要看到同学们聚在一起说话，便觉得他们在说自己的不是；看到同学朝自己微笑，便觉得他们是在讥笑自己。那些奇怪的念头常会莫名其妙地从她的脑中冒出来，弄得她心神不宁，寝食不安，也没心思学习。为此，王平苦恼极了。

王平被不安的情绪笼罩的原因正是"猜疑"这一不良心态。在猜疑心态的作用下，人常会作茧自缚，陷入一种封闭性思维中，即从某一假设目标出发，最后又回到假设中去，得出一些荒唐可笑的结论。

英国哲学家培根这样告诫人们："心思中的猜疑有如鸟中的蝙蝠，它们永远是在黄昏里飞的……这种心理使人精神迷惘，疏远朋友，而且也扰乱事务……"曹禺说："长相知，才能不相疑。"意思是说，只有了解彼此，才不会彼此猜疑。与人交往，若要不相疑，就必须"长相知"，"让一个灵魂孕育在两个躯体里"，努力改变有碍于与人交流的不良心态。

宠辱不惊，别太在意得失

　　《小窗幽记》当中有这么一副对联："宠辱不惊，看庭前花开花落；去留无意，望天空云卷云舒。"一副只有寥寥数语的对联，却清楚地道出了人对事对物、对名对利应该持有的态度：得之不喜，失之不忧，宠辱不惊，去留无意。只有如此，才能够心境平和、淡泊宁静。"宠辱不惊"四字，大有"躲进小楼成一统，管他冬夏与春秋"之意，而"去留无意"四字则又显示了眼光长远，不与他人一般见识的博大情怀；"看庭前花开花落""望天空云卷云舒"则有与世无争、笑看人生的崇高境界。

宠辱不惊，可谓是人类生活中的一门艺术，同时更是一种明智的处世智慧。人生在世，生活当中有褒有贬，有毁有誉，有荣有辱，这些都是人生的寻常际遇，不足为奇。古人云："君子坦荡荡。"为君子者，无妨宠亦坦然，辱亦坦然，豁达大度，一笑置之。得人宠信时勿轻狂，千万不要忘记"贺者在门，吊者在闾"；受人侮辱的时候切忌激愤，犹记"吊者在门，贺者在闾"。如此清醒地面对人生，就不难达到"不以物喜，不以己悲"的思想境界。达到这种境界的人能够从容地面对生活和事业的种种考验与磨难，进而实现人生的理想。古往今来，万千事实证明，那些有成就的人没有一个不具有"宠辱不惊"这种极其可贵的心态。

范仲淹是北宋时期著名的政治家。当他被贬谪后，也能够从容处之，发出"登斯楼也，则有心旷神怡，宠辱偕忘，把酒临风，其喜洋洋者矣"之感叹。从范仲淹的这句话里，不难窥见一种自尊自强的人格魅力和一种淡泊名利的洒脱与机智。

再如，19世纪中叶，美国的实业家菲尔德率领他的船员和工程师们，利用海底电缆把"欧、美两个大陆联结起来"。菲尔德被誉为"大西洋电缆之父"和"两个世界的统一者"。可是海底电缆铺成之初，因技术故障，电缆传送信号刚接通便中断了。顷刻间，人们的赞辞颂语变成了愤怒的"狂涛"，纷纷指责菲尔德是骗子。面对如此悬殊的评价，菲尔德泰然自若，一如既往地坚持自己的事业。经过六年的努力，海底的电缆最终成为欧、美两个大陆的信息之桥。宠也怡然，辱也自在，勇往直前，否极泰来。

其实，人生在世，大可不必把别人的态度太当回事，不必因上司的声色，自己就"口将言而嗫嚅"，也不必因老板的眼神，自己就"足将进而趑趄"。如果你因失宠于某人而自暴自弃，或者因受辱于某人而自怨自艾，甚或因此而做出种种极端的举动，目光是否太短浅了些，胸怀是否太狭隘了些呢？为人处世，对于任何事情都应当拿得起，放得下，想得开。每临荣辱有静气，如果达到了这种境界，人的精神天地就能够开阔浩渺，生机勃发。

第二次世界大战之后，以色列建立了国家。人们曾推举爱因斯坦做国家总统。在这"熙熙皆为利来，攘攘皆为利往"的滚滚红尘中，当总统是世间多少人梦寐以求却求而不得的事情啊！然而爱因斯坦却坦然地拒绝了，这拒绝是智者平静如水的拒绝。在社会如此发达的今天，很多人想到爱因斯坦在科学上的巨大建树的时候，同时也会想到这位科学巨人面对镶满宝石的王冠轻轻摇动的一只手。

生活在地球上的任何一个人，其实都是来去无影的尘埃，区别在于有些尘埃大而有些尘埃小罢了。太在意荣辱，实际上是一种自我陶醉与自我折磨。

有不少得势之人，那种得意忘形之状实在令人吃惊。生命的顶峰永远在高处，与阳光相比，我们永远是微不足道的。还有一些人，生活不够顺利便抱怨，何必这样呢？其实，如同爬山一样，跌倒了，腿还在，山还在，何不重新起步？我们应该做到心中所想是奋斗的目标，是自身价值的实现，而非实现奋斗目标和自我价值后的骄傲和荣耀。

贫富不过百年，风骚安能永久？学会平心静气地面对荣辱，实在是人生的最高境界。

在世界杯预选赛中，某国球员因争球被绊倒后，与李玮锋发生口角，后将口水吐在了球员李玮锋的脸上，然而难能可贵的是佩戴着队长袖标的李玮锋没有采取任何过激的行为，而吐口水者则受到了红牌的制裁，辱人者自取其辱。从这一点上，足以看出李玮锋经过多年职业比赛历练的沉着。如果他当时在场上稍微有那么一点不冷静而做出反击，图一时痛快，逞匹夫之勇，那么到最后只能是两败俱伤。

如今，有一些人觉得活得非常累，不堪重负，精神也越发空虚，思想也变得异常浮躁。究其原因，其实是这些人陷于世俗的泥淖而无法自拔，追逐外在的物欲而不知道什么才是真正有价值的东西。金钱的诱惑、权力的纷争、宦海的沉浮，让他们殚精竭虑。

是非、成败、得失，让人或喜、或悲、或惊、或诧、或忧、或惧。一旦欲望不能得以满足或者希望落空成了虚无缥缈的幻影，人就会失落、失意乃至失志。失落是一种心理上的失衡，是人的欲望未得到满足的情绪体现；失意是失落的进一步深化；失志则是心理上彻底的颓废，是失落、失意的终极表现。如果想避免失落、失意、失志的心态，就需要宠辱不惊、去留无意。

宠辱不惊、去留无意说起来容易，然而做起来却十分困难。我们毕竟是凡夫俗子，心难免为名利所动，无法做到不追不求、不喜不悲。有的人穷尽一生追名逐利，求而不得后便失意落魄、心灰意冷。对于名利，我们应根据自身能力，准确地定位自己，不强求或不过度追求。

要做到宠辱不惊、去留无意，关键在于你如何对待与处理问题。首先，要明确自己的生存价值，"由来功名输勋烈，心底无私天地宽"。如果心里没有过多的私欲，又怎么会患得患失呢？其次，要能够认清自己要走的路，"得之不喜，失之不忧"，不要过分在意得失，不要过分看重成败，不要过分在乎别人对你的看法。只要自己努力过，只要自己曾经奋斗过，做自己喜欢做的事，按自己的路去走，外界的评说又算得了什么呢？东晋陶渊明之所以可以用宁静平和的心境写出洒脱飘逸的诗篇，是因为他淡泊名利，不以物喜，不以己悲。

人们在日常交往中需要练就坦荡洒脱和宠辱不惊的心态。即使平常的日子根本就没有冲突与矛盾，思想与心境也不会平静如水，同样有对待宠辱的态度问题。

有一位年轻的数学教师，课讲得非常好，在学校的威信非常高。与他年龄相仿的教师，有两位分别被提拔为教导主任和校长，然而他却依然如故。有人问他有没有感到不公，他却平静地说："我并没有为此而感到不公平，教书是自己所长，当官是他们所长。当官受人尊重，教好书同样受人尊重，所以我不能弃长就短。若当不好官，反而还会让别人瞧不起。"听了这些话，那人很是感动。

的确，做人就要具备一颗平常心，做好应该做的每一件事，学会享受生活，享受做好每一件事所带来的快乐，这样就会有足够的力量来承受生活中的挫折与痛苦。

只有做到宠辱不惊、去留无意，方能心态平和、怡然自得，方能达观进取、笑看人生，方能生亦欣然、死亦无憾。

宠辱不惊的人在日常生活中总有宽松闲适的心态，这是道德修养高的体现。《论语·述而》中的"君子坦荡荡，小人长戚戚"说得可谓入木三分。当然，宠辱不惊的人不是无所用心，饱食终日，游手好闲，与世浮沉，而是进入了一种较高的人生境界。这是心怀恬淡、没有什么非分之想的人的人生状态，处于这种人生状态的人不仅懂得有所为、有所不为，而且会保持独立的操守，和光同尘，知足不辱。

挫折、失败、成功、顺利，皆是人生的历程，可能伴随外界的评说，给你带来宠与辱的感受。一个人要想做到宠辱不惊，就必须培养良好的心态。宠辱不惊不是不管不顾外界，而是懂得调整自身的心理状态，形成正确的自我认知，逐步走向成熟，实现自我蜕变与升华。

你的爱，要留给
那些值得的人

获得爱要讲究方法

获得爱要循序渐进，我们不能冒进。

胡朋是一个老实人，他爱上了同事小玉，并感觉小玉对自己也有那种意思，但不能百分百确定，因而心神不宁。一天，他决心向小玉表白，心想不管结果怎样，至少可以有个答案。刚巧他从办公室出去办事时，在走廊里碰见了小玉。胡朋一冲动，对她说："小玉，我想和你谈谈。"小玉走过来问："什么事？"胡朋张口就喊："我爱你！你愿意做我女朋友吗？"

小玉非常惊讶，骂道："神经病！"说完匆匆而去。胡朋受此打击，此后不要说继续追求，连小玉的面都不敢见了。

还有一个人反其道而行之，他对一个女孩很好，但从不向对方表明心迹，搞得对方牵肠挂肚。最后，他觉得时机成熟了才说出了自己的心思，女孩就成了他的女朋友。

获得爱要讲究方法，不要让对方完全掌握你的一切。如果对方对你了如指掌，你就会迅速失去对他的影响力。

　　表白是一种特殊的爱的信息交流，要有一定的铺垫。如果不讲究表白技巧，贸然向人家表白，就无法收到预期的效果。欲擒故纵，进退有度，不失为一种好方法。

攥得越紧越易失去

女儿谈了一个男朋友，但两个人经常闹些小矛盾，于是她问母亲："母亲，为什么你和父亲结婚这么多年也没有吵过架呢？秘诀是什么？"母亲微笑不语，把她带到水龙头跟前说："你用手接一些水。"女儿打开水龙头，并拢手指把双手合成碗状，捧了一些水在手中。这时母亲说："把你的手攥紧，看能不能存住水？"女儿依言将双手握紧，水顺着指缝流走，再张开手时，除了湿漉漉的水迹之外，什么也没有。母亲语重心长地对女儿说："爱情和这水一样，你要想拥有它，就必须给它足够的空间。否则，你抓得越紧，它流失得越迅速。"

女儿恍然大悟，从此不再时时要求男朋友陪在身边，两个人之间的矛盾也减少了很多。

两个初涉爱河的人，被爱情冲昏头脑，恨不得时时刻刻相守，片刻的分离也觉得漫长如三秋不见。然而等度过了热恋期，感情降温之后，有些人就开始厌烦这种朝夕相对的生活，这个时候，就需要给彼此空间。

可是一些人意识不到这样做的重要性，认定爱情就是要两个人合而为一。于是争吵不可避免，一个聪慧的人应该明白：即使两个人再怎么相爱，也是两个独立的个体，也需要有自己的生活空间。

果断排除爱错了的人

你恨自己的有眼无珠，被他骗得一塌糊涂，沉浸在一场自编自导的爱情里，被蒙了心智。你没有发现对方的别有用心，还以为自己找到了真正相爱的人，直到赤裸裸的真相摆在眼前才肯幡然醒悟：你遇到的不过是一个道貌岸然的卑鄙小人。

你难以忍受这些委屈，可是，又不甘心就此放手。你觉得自己伤痕累累，你觉得愤怒不平，甚至想要和对方死磕到底。殊不知，世界之大，你完全没有必要以此困住自己，离开那个错的人，离开那个伤心之地，去呼吸外面清新的空气吧。

　　如果你能够理智地思考一下，你会发现，其实那样的人自会有他的下场，实在不值得你耗费更多的时间和精力，不如去拥抱更多的美好。

　　若是爱错了人，对你而言，也未尝不是没有收获，因为你排除掉了一类不值得你爱的人。千万不要抱怨命运为何让你遭遇到这样的经历，每个人的人生都充满酸甜苦辣咸，你应该学会独立而坚强地面对这些事情，处理好这些伤害，让自己成长起来，这样你才会变成一个成熟而富有魅力的人。

　　终有一天，你会发现，我们曾受到的伤害早已烟消云散，却让我们更深刻地懂得了如何去爱、什么样的人值得爱，而不是草率地交出我们的爱情，听由命运的安排。那些我们不愿意面对的过往，终会变得缥缈虚无，成为记忆中轻描淡写的一笔。若没有经历这一切的磨难，怎能让我们慢慢走向成熟理智，拥有更多的勇气和智慧来面对我们真正的爱情呢？

　　宋林是一个有能力且英俊的男人，他和女友甘露的爱情有了濒临失败的迹象，但他不但没有采取任何补救的行动，反而和办公室新调来的一个女同事上演一次次的暧昧。这一切，甘露全然被蒙在鼓里。

　　一次，宋林借口说周末加班，煞有介事地拿着包出门了。甘露体贴他上班辛苦，便兴致勃勃地为宋林做了美味的便当，送到了宋林的公司，结果公司里根本没有人。甘露十分伤心，她回家等到深夜，宋林才一脸微醺地回来，说是加完班和同事一起吃了个饭。甘露并没有当面拆穿宋林，她想给宋林一个悔过自新的机会，让他意识到谁才是最爱他的人。

　　甘露温柔体贴地照顾宋林，还撒娇让宋林带她去他们第一次约会的地方吃饭，想让他找回当初的爱情记忆。

　　宋林的确有所触动，陪甘露一起吃饭、逛街、游玩，甘露也在为自己能够挽回爱情而感到心中欢喜。过了一段时间后，甘露发现宋林的确和那个女同事断了联系。

然而，这样的日子没有过多久，甘露发现，宋林又和另外一个女人纠缠不清。甘露十分失望，宋林就像一只喜欢偷腥的猫，她无法束缚他的人，更看不住他的心。即使赶走了一个女人，可她难道一辈子都要和不同的女人战斗？

对于宋林，甘露心有不舍，然而，她也很清楚，宋林虽然是一个有不少优点的男人，但是，只花心这一点就已经掩盖了他所有的优点，宋林不值得她爱一辈子。

于是甘露离开了宋林，尽管宋林再三保证以后会好好爱她，但甘露心里清楚，那不是宋林能够做到的事情。之后，每当甘露看到宋林这样的男人时，都会从心底里发出一声冷笑。

一个成年人，就要有成年人的理智与坚强，不要在挫折与打击中屈服或迷失自我。现实中，虽然确实有一种人，他们从出生到死亡，活得比其他人轻松、容易，人们总是羡慕他们被幸运之神眷顾。然而，这种生存状态不一定就值得我们羡慕，要知道，没有接受过风雨的洗礼，哪能看见美丽的彩虹？没有经历过苦难的折磨，就很难拥有成熟的心性。

你心地善良，觉得自己原本应该生活在一个纯净的环境中，却偏偏遇上了不对的人，让你对这个世界愤愤不平。其实这是再平常不过的事了，每个人都有可能爱上一个不值得爱的人，你碰到了，发现了，不要犹豫，马上离开。排除掉不值得爱的人，会让你更清楚地知道，什么样的人才更值得你去爱，你才有更多机会去抓住真爱。

人生不可以回头，要学会适时放下。何况，只要还存在于这个世界上，你就还有很多的可能，何必过早自己囚禁自己呢？

惜缘的人有爱相随

不管是缘深还是缘浅，不管是缘长还是缘短，得到即是造化，人生苦短，缘来不易。

佛语："前生五百次的回眸才换得今生的一次擦肩而过。"

生命本是一次漫漫漂泊的旅途，遇见了谁都是一种缘分。缘分已在冥冥中注定，缘分飘然而至可能天长地久，也可能于转瞬即逝。

"百年修得同船渡，千年修得共枕眠"说的就是缘。人生在世，有存有亡，有聚有散，这玄机就在于"缘"。共衾同枕、耳鬓厮磨的夫妻自不必说了，同学、战友、搭档，甚至同一个公司的员工能聚在一起，也是一个"缘"字。

李菲已经毕业好几年了。现在，每当看到大学期间的照片，或者偶尔翻起大学时的日记，她总是感慨万千。

那时候她不懂得缘分，更不懂得珍惜缘分。虽然四个人因缘分住到了同一间宿舍，可是因为生活习惯不同，避免不了会有些小矛盾。当时，她颇有个性，不肯退让半步，总是抱怨不已："你早上起床能不能小点儿声音？别人都还睡着呢！""你怎么总是霸占着电话？"鸡毛蒜皮的小事，她都会生气。

四年后，大家各奔东西，现在，李菲除了跟一位室友有联络外，其他的都没有联系了。李菲总会莫名地伤感，她很想念当时的室友，怀念当时一起经历过的青春岁月。

李菲想，如果她知道缘分只有这短短的四年，她肯定不会为了一点儿小事就跟室友争执。如果可以重来，她一定会更珍惜。

为什么我们拥有时不知道珍惜，失去时才会后悔呢？同理，在婚姻中，我们也应珍惜夫妻之间的缘分。

结婚周年纪念日，谭雪跟丈夫大吵了一架，她气愤地决定离家出走，已没有心情理会还滴着水珠的头发。

"过来，坏脾气妞儿！"丈夫拿出吹风机。

谭雪不好意思再发脾气，便拉过一把椅子坐下了。面对满院子灿烂的花，她心中的怨气也慢慢消失了。

头发上的水珠渐渐散尽了，一股股温热的气流环绕在耳畔。

"也许，几十年后的一个黄昏，当你一人独坐的时候，你会想起眼前的这一刻。"沉默了很长时间，谭雪的丈夫突然说，声音带着伤感。

　　"那你呢？"

　　丈夫关掉了手中的吹风机，看了谭雪一眼，微笑，然后摆正她的头，手中的吹风机又响了起来，过了好长时间他才说："先你而去了。"

　　声音是那么平静，谭雪突然明白了，一向不善言辞的丈夫表现出来的深情。

　　佛说，修五百年只能同舟，修一千年才能同枕。人生本就短暂，我们又能相守多长时间呢？两个人在合适的时间和地点相遇、相爱本来就是缘分，能够在婚姻的小屋下共同面对风雨更是不容易。可惜珍惜缘分的人不多，多数夫妻就像为取暖而挤在一起的刺猬，若不掌握好距离就会刺伤对方。

　　为什么我们总是会伤害我们最亲的人？因为只有最亲的人会一次又一次地原谅我们，因为只有他们不会背弃我们。

　　是啊，每个人都应该珍惜自己所拥有的，这样才不会在多年后为伤害过最爱你的人而后悔不已。

　　对朋友我们也要珍惜缘分，珍惜友情。愈想友谊持久，愈要不断地呵护。

　　参加工作后，再亲昵的朋友也不可能像学生时代那样天天在一起，不能再像学生时代那样集体行动，而是各忙各的。但不管怎样变化，你都可以主动约他（她）出来喝喝茶，抽空打电话问候他（她），分享他（她）的快乐与悲伤，义不容辞地帮助他（她）。

　　也许他（她）没有时间赴约，但没有关系，你的邀约只是在告诉对方：我很在乎我们之间的友谊，我希望不管时间如何流逝，我们的友谊之树能够长青。

　　缘分是幸福的源泉，我们欣喜际遇了缘分，之后便要珍惜与呵护。珍惜一段缘，就会给你的生活平添一份情趣。惜缘的人才会真诚待人，才会有爱与他（她）相随！

猜疑是毒瘤

喜爱猜疑的人常常小题大做，无中生有。虽然疑心重的人往往更加敏感，然而很遗憾，他们的敏感常是杞人忧天，这种胡乱猜测导致的恶果无疑是自作自受。

有一对再婚老年夫妻，丈夫在某大学教书，妻子是某企业会计。他们都有过丧亲之痛，对这迟来的幸福很是珍视。他俩总会于每天黄昏时分牵手在江畔漫步，畅谈各自的工作和理想。二人举案齐眉，令同事、朋友们羡慕不已。

然而，有一件小事却给恩爱的夫妻造成嫌隙。有一次，教授的一位朋友因家事向他借救急钱，不久后，该朋友还钱给教授时，恰好他不在家，钱被他爱人所收。可是，教授的爱人却没有将还钱的事告诉他。教授知道后十分生气，他认为妻子正在悄悄地隐匿家庭财产，甚至警惕地认为妻子图谋不轨。

随着夫妻间信任的丧失，家庭矛盾愈演愈烈。自此，二人转为互不退让的"仇敌"，为一丁点儿小事都纠缠不休。最终，一次激烈的争吵后，二人的婚姻破裂。后来，二人又在财产的分割上互不相让，甚至对簿公堂。结果，5 年"马拉松"式的官司，使他们损失惨重。

事后，这位教授告诉别人："我好不容易才找到一个老伴，日子渐渐有起色。谁知，我却因为猜疑心亲手毁了自己的幸福生活！"

事实确实如此，猜疑是毒瘤，它破坏人与人的信任关系……灿烂的阳光也对它避让三分，它使人压抑、郁闷，甚至陷入深沉的烦恼；它在人与人之间设置屏障，将友谊与幸福拒之门外，痛苦、烦恼和灾难则趁机侵入。

猜疑是抱怨的祸根，它招致恶果，使自己受害，更会殃及他人。而猜疑所生产的抱怨，会影响你的人际关系，使幸福弃你而去。所以，只有将心胸放宽，不乱猜疑，才会幸福。

学会用自信、信任和宽容收获爱

　　王丽原本很幸运，她的丈夫很爱她，对她百依百顺，可她却总怀疑某一天这一切会被别的女人偷去，所以提心吊胆，几乎体验不到幸福的味道。

　　于是，她对丈夫起了防范之心：见到丈夫外套上有根长头发就大吵大闹，非说他与别的女人在外面厮混；在丈夫身上找到短头发，她仍然大吵大闹，问他是他自己的还是外面的短发女人的。

　　某天，王丽接到丈夫的"加班"电话，她一下就不知所措了。她觉得"加班"在男人的字典里不就是"外遇"的代名词吗？！于是，她决定采取行动自救，去公司给丈夫送"惊喜"。

　　晚上十点多，她悄悄来到丈夫公司楼下。见整幢办公楼灯火通明，她愣了一下，决定先给丈夫打个电话，结果丈夫的电话关机。她想：鬼才相信没事。带着猜疑，她生气地跑到楼上……

　　结果不言自明。如此猜疑，一次，男人认为她要小脾气；两次，男人认为她离不开自己；三次，男人虽然很烦，但仍给予原谅；四次、五次……人的忍耐程度毕竟有限，男人不得不拂袖而去。

　　此女的行为并不罕见，因为总有一些人多愁善感，容易多心，爱猜疑。

猜疑是她们特有的人性弱点：好事为何总降临到别的同事身上？她跟领导一定有什么猫腻；他看我的目光怎么总是怪怪的？一定对我有什么想法；那家伙最近怎么不太热情了？肯定怀疑我做了什么对不起他的事；男友对我是真心的吗？怎么那么不舍得为我花钱；他说"只爱我一个"是真的吗？他之前的女友指不定有多少呢；这个男人我可以依靠一辈子吗？我跟他能白头偕老吗？老公的同事说我"贤妻良母"，不是在嘲笑我，说我丑吧……从工作到生活，从恋爱到婚姻，有的人猜疑的心思就没停过。尤其是结婚后，无时无刻不担心丈夫有外遇。

爱猜疑的女人从来不认为自己的猜测是不应该的。她们猜疑的依据在外人看来不可思议，但在她们内心却不容置疑。当猜疑的念头控制她们的时候，任何理性的解释都无济于事。在她们眼里，假想的东西就是现实，就是真理，她们甚至能编织出无数的证据证明自己的猜测。就如"疑邻窃斧"者，在确定老公没有背叛自己之前，看老公的神色仪态、言谈举止，无一不是有外遇的样子。但事实最终证明，猜疑就是猜疑。它不仅让男人倍感压力，也让自己或整个家庭陷入了危机之中。

长相知，不相疑。

作为女人，戒掉猜疑最有效的做法就是自信、信任和宽容。有了自信、信任和宽容，女人就能很好地把握自己的情绪，"任凭风吹浪打，胜似闲庭信步"。要学会分辨臆断和真实，进而收获真正的爱与信任。

爱是适度的宽容

"海纳百川，有容乃大"，宽容是一种豁达的胸怀。宽容不是放任，不是纵容，不是消极的无所作为。宽容是相互尊重、信任、理解和沟通；宽容是化解人与人矛盾的最佳良药。在人与人的相处中，有多少心灵的创伤需要宽容来治愈。

张曼和老公结婚才一年，就察觉到老公的毛病很多：总是把各种功能的毛巾到处乱挂；不爱收拾，穿脏的衣服不及时清洗，有时还和干净衣服混在一起……老公的这些毛病让张曼无法接受，她的生活越来越痛苦。她总是想：我怎么偏偏找了个这样的老公呢？日子这样下去怎么过啊？她曾就每个问题跟老公沟通过，但是他每次都是当时应允，一会儿就又忘记，这让张曼更加痛苦。

之后，张曼决定把眼光放开一些来看这些问题。她竟然发现丈夫身上也有许多她喜欢的优点。至于缺点，再多给他一些时间慢慢纠正吧。想法一变，心情也就变了，张曼的婚姻生活又幸福如初了。

这就像爱的力量，它包含了宽容，看起来很温和，但它的力量是无尽的。"宽容是在荆棘丛中长出来的谷粒。"宽容也是忍耐。人与人相处，过多的争辩和"反击"不可取，冷静、忍耐、谅解很重要。退一步，天地自然宽广。

两个人由相识、相知，到相恋、相爱，最终结婚，心中无不怀着甜蜜的憧憬、美好的期待。他们在想象之中勾画着未来的生活，哪怕最细微的情节，都被描绘得美妙绝伦，连最平凡琐细的生活，也会被美化。他们陶醉在两个人的世界里，让爱情成了他们生活的主旋律。

然而时间的巨手可以钝化感觉、磨平记忆、改变一切。原本让人铭心刻骨的，后来却令人无动于衷。连那最让人难以忘怀的美妙瞬间，都变得模糊、淡漠了。

随着时间的流逝，人也在慢慢改变。不是因为才华横溢才嫁给他的吗？怎么越看越觉得这个人除了才华再无亮点？不是因为风度翩翩才倾心于他吗？怎么越看越感到这人现在很平庸？不是因为气质超群、身材出众才非她不娶吗？怎么婚后不到一年这个人便形容枯槁、俗不可耐？不是因为心地善良、不慕钱财才对她感念不已，以为找到了真爱，怎么孩子刚一出生这个人就变得斤斤计较了？原本心仪的东西，如今似乎都走向了反面：性情稳重成了老气横秋，性格活泼成了疯疯癫癫，风流倜傥成了拈花惹草，身材苗条成了不够性感，有业余爱好说你不务正业，没有业余爱好说你缺乏情趣，挣不到钱说你是笨蛋，挣太多钱说你只知道应酬不顾家，管孩子说你婆婆妈妈，不管孩子说你没有家庭责任感，朋友多了说你为了狐朋狗友整天不着家，朋友少了说你不善交际……

生活就是这样，每天都是鸡零狗碎、鸡毛蒜皮，说多了还叫人笑话。然而每个人都在生活的粗俗和琐屑之间经受考验。有些人叹息一声"怎么会变成这样？"便互道"拜拜"，从此天各一方。有些人虽然凑合着过下去，却时常不快乐……

爱一个"完美"的人很容易，爱一个"有缺欠"的人很难，但殊不知，世界上并不存在"完美"的人。而正是因为如此，人的感情才显得深沉厚重。说到底，我们都不是完人，既然自己都不完美，凭什么要求自己的爱人完美呢？爱一个人，便意味着要给予他（她）一定的宽容。婚前善良、美丽、贤惠的是你的妻子，婚后做作、庸俗、小气的亦是你的妻子。在外彬彬有礼的是你的丈夫，在家言语粗鄙、行为粗俗的也是你的丈夫。人前西装革履的是你的丈夫，人后不修边幅的也是你的丈夫。否定了爱人不为人知的一面，也就否认了真实的他；否定了他的全部，也就否定了你自己的选择。对于这些改变，你应该做的并不是一刀两断、见异思迁，而是应该宽容以待、积极沟通、寻求改善。

在生活中，理想和现实往往是两回事。如何解决呢？是宽容，只有用宽容这把钥匙，才能解开一些生活的结。当你用宽容的心态看待这一切，你才会发现生活的多姿多彩，进而更加珍惜感情。

婚姻也有最佳距离

婚姻是用温柔、委婉、体贴、关心、沟通、理解等来维系的，绝不是用一根"绳"将对方牢牢"拴"在自己的身边就高枕无忧。

夫妻两人之间的关系，就像是冰天雪地里的两只豪猪。因为天气太冷，试着靠近对方的身体取暖，但当一方的刺扎到另一方的身体时，双方都会觉得疼痛难忍，只好分开。可是，天气越来越冷，为了取暖，两只豪猪不止一次地尝试靠近又分开，如此反复多次，最终找到了不会刺到对方又能取暖的恰当距离。用两只豪猪的故事比喻家庭中夫妻之间的距离再恰当不过了，太贴近容易让对方受伤，太远了又感受不到对方的关怀，最好是有点距离而又不太远。

有的人担心爱人离自己而去，想尽一切办法不让爱人有自己的空间，期望把爱人的一切都纳入自己的视野。

王静身材匀称，外貌漂亮，温柔勤劳，所有人都认为她是贤妻良母。她的丈夫王博也堪称仪表堂堂，并且对妻子的感情一如既往。随着时间的推移，王静心里不知什么时候增添了一个奇怪的想法：为什么王博总是对自己这么好，是不是做了什么对不起我的事情？于是，她开始观察丈夫的行踪，不让王博离开她的控制范围。王博是一家外资公司的业务人员，业务上常有应酬。因此，王静开始怀疑起来，难道他真的有那么多应酬？于是，她就开始"查岗"，跟踪几次之后，看到王博与男男女女出入酒楼、保龄球馆、娱乐场所，便更加不放心。她想出了一个对策：每次王博说要去应酬，她都不动声色，但是只要王博一出门，她就会打电话。今天是自己突然身体不舒服；明天是宝贝儿子放学没有回家，问遍了亲戚朋友和儿子的同学家也没有找到，儿子失踪了；后天是自己将钥匙忘在了家里，而自己只穿了一套睡衣站在楼梯间……更为离奇的是，她谎称父母出了车祸、家里遭了窃贼、自己被几个男人非礼……

王博爱妻心切，每次都上当回家，开始是无可奈何地苦笑，再以后是发火、愤怒、大吵。可是王静不知收敛，坚持自己的做法。王博因她屡次与客户爽约，或半途退场，接连几单生意都丢了，在又失去一笔大生意后，被老板炒了鱿鱼。最终，王博向王静提出了离婚。

把爱人"拴"在自己身边的人也许从未想过，你禁锢他（她）的同时也禁锢了你自己和你们的爱情。

有一位年轻的女人，嫁给了一位能干并且体贴的丈夫，她心中的幸福不言而喻。但是后来，丈夫却爱上了郊游，和朋友在一起时，他觉得充满了鲜活的空气。可每每意犹未尽时便记起身后的家，感觉回家像一只远远伸来的要拽他衣襟的手。

回到家中，那种担忧与顾忌总使他的心变得沉重。他疲惫地靠在沙发上，面对着埋怨他的妻子解释着，谎称着友人如何挽留，照例保证着下不为例。但次数多了妻子听腻了这些说辞。

丈夫只能变相告诉妻子："林子里树与树之间离得开点才能长得粗、长得高。形影不离不应是夫妻的最佳境界，还是有点距离好。"之后，妻子渐渐明白了丈夫的喜好，于是鼓励他适当地外出，还会很细心地叮咛丈夫注意安全。

因此，丈夫也减少了外出的次数，而且无论多晚都会回到家里。

夫妻相处若不懂得掌握舒适距离会导致婚姻破裂，不要总想着把对方制得服服帖帖，变成你的奴隶，被你随意地操纵，夫妻相处应该相互理解、相互信任，给予彼此一方自由的天地，只有这样，才能保持婚姻的长久。

Part
05

世界没那么复杂，
是你想多了

生气不如消气

在古老的西藏，有一个叫爱地巴的人。每次生气或者与人争吵了，他就以很快的速度飞奔到家，绕着自己的房子和土地跑三圈，然后坐在田边喘气。爱地巴工作非常努力上进，他所居住的房子越来越大，所拥有的土地也越来越广，但不管房子有多大，只要与人发生争执，他还是会绕着房子和土地跑三圈。爱地巴为什么每次生气都有这种奇怪的举动呢？

每个熟识他的人，心里都疑惑，但是不管怎么问他，爱地巴都不愿意多说什么。直到有一天，爱地巴很老了，他的房、地都已经很广大，他仍然拄着拐杖艰难地绕着房子和土地走。好不容易等他走完三圈，太阳都下山了。爱地巴坐在田边喘气，他的孙子在身边诚恳请教他："阿公，您岁数已经大了，这里没有人的房子和土地比您拥有的更大更多了，您不能再像从前一样，一生气就绕着房子和土地跑啊！您可不可以告诉我，为什么您一生气就非得绕着房子和土地跑三圈啊？"

爱地巴这时终于说出隐藏在心中多年的秘密，他说："年轻时，我一和人吵架，就绕着房子和土地跑三圈，跑的时候我便想，我的房子这么小，土地这么少，我哪有时间和资本去跟人家生气，每每想到这里，气就消了，于是就把所有的时间用来努力工作。"

孙子接着问道："阿公，您年纪大了，又变成了最富有的人，为什么还要和以前一样跑呢？"

爱地巴笑着说："我现在还是会生气，生气时绕着房子和土地走三圈，走的时候我就想，我的房子这么大，土地这么多，我又干吗浪费时间和精力去生气呢？一想到这儿，也就不生气了。"

现实生活中，如爱地巴一样处事的人恐怕很少。生气并不意味着没有好的解决办法，有哪些方法可以有效地消气呢？

与人产生矛盾和分歧时应保持冷静的思考和稳定的情绪以及豁达的心态，客观地做出分析和判断。

要从多方面培养自己的兴趣与喜好，如书法、绘画、集邮、养花、下棋、听音乐、跳舞、打太极拳等，这样可以开阔视野、提高思想境界、陶冶情操。

凡事要客观面对，自己对自己的能力有正确认识，遇事不要冒进蛮干，要量力而行，不要好胜逞能而去做力所不能及的事。

不要过于计较个人的得失，不要常为一些芝麻绿豆的事大动肝火。愤怒要压制，怨恨要消除，要保持和睦的家庭生活和良好的人际关系，这样在遇到问题时就可以从各个方面获得支持和帮助，而不是只能气恼。

别跟自己较劲

生活中不如意事十之八九，要做到事事顺心，就要做到别跟自己较劲，不愉快的事让它过去，不惦念在心上。有一句话说得好：生气是拿别人的错误惩罚自己。假如你总是念念不忘别人的不好之处，实际上深受其害的是自己的身心，搞得自己不堪重负，这不值得。既往不咎的人，才能轻装上阵，路途愉快。

有一位业界成功人士，当有人问起他的成功之路时，他讲了自己的一段切身经历：

"我成功的秘诀就在于我一直用忘却来调整自己的心态。我本来是一个情绪化的人，一遇到不开心的事，心情就烦躁不已，不知道该做些什么。我知道这是自己性格上的缺陷，可我找不到更好的办法来化解。直到我请教一位老专家。

"刚走出校门的那阵子，是我心情最灰暗的时候。当时我在一家公司做文员，工资低得可怜，而且同事间还充斥着排斥和竞争，我有些不能承受那里的工作环境。更令人痛苦的是，相爱三年的女友也执意和我分手，我没有预料到多年的爱情竟然经不起现实的风雨，我的信念在一点一点消失。朋友的劝慰似乎都起不到作用，我一味地让自己沉沦下去。除了悲痛，我又能做些什么呢？到最后，朋友建议我去找一位知名的心理专家咨询一下，希望能让我摆脱现在的困境。

"老专家细细听完我的讲述后，把我带到一间很小的办公室，室内唯一的桌上放着一杯水。老专家略带深意地说：'你看这杯水，它已经搁置在这里很久了，几乎每天都有灰尘落入里面，但它依然澄清透明。你能告诉我这是为什么吗？'

"我努力寻求答案，像是要看穿这杯水。这到底是为什么呢？这杯水里有这么多杂质，但为什么看起来仍然清澈呢？对了，我知道了，我回答他：'我明白了，所有的灰尘都沉淀到杯子底下了。'老专家赞许地点点头：'年轻人，生活中的琐事很多，有些事越想忘掉却越不易忘掉，不如就记住它好了。就像这杯水，如果你厌恶它，使劲摇晃它，那么整杯水都会被你搅得不得安宁，浑浊一片，这是多么愚蠢的行为。如果你愿意让'灰尘'静静地一点一点地沉淀下来，那么情况就会相反。我们的生活也是一样，若你用广阔的胸怀去容纳一些人或事，那么心境就会变得宽广。'

"老专家的话我一直铭记在心，以后，当我再遇到不如意的事时，就试着把所有的烦恼都沉入心底，不与那些烦心的事纠缠。等它们慢慢沉淀下来时，我的生活就再次是晴天，充满着阳光和快乐。"

不可避免的是，在生活中，很多人有时候太在意自己的感觉了。比如，你在路上不小心摔了一跤，惹得路人大笑。你当时一定很窘迫，认为所有的路人都在关注着你。但是如果你换个角度思考一下，就会发现，其实，这只是路人生活中的一个小插曲，他们哈哈一笑后，这件事就被抛在脑后了。

人生之路很漫长，对于一次挫折，一次失败，在汲取经验教训后就继续前行，不要过久地纠缠于忧愁的情绪中。你的纠缠只能提醒更多的人注意到你的失败。有句话说："20 岁时，我们顾忌别人对我们的看法；40 岁时，我们不理会别人对我们的看法；60 岁时，我们发现别人根本就没有注意我们。"这并非消沉，而是一种人生哲学——学会"看轻"你自己，才能做到在人生之路上轻松前行。

我们不总是生活在"温室"，总会有受伤的时候，有些伤害来自外界，而有些伤害却是我们自己制造的：为了一个小小的职称、一份微薄的薪酬，甚至是为了一些闲言碎语，我们发愁、发怒，认真计较，纠缠其中。时间一长，我们的心灵就被折磨得千疮百孔，我们也会对生活失去了热情，对身边的人也不再充满激情。

如果我们不过分在乎功名利禄，我们就会显得坦然多了，也能平静地面对各种荣辱得失和恩怨情仇，长久地保持对生活的美好认识与执着追求。这是一种修行，是对自己人格与性情的锻炼，从而使自己的心胸逐渐博大，眼光变得深远。基于此，我们在人生的旅途上，即使是遇到了凄风苦雨的日子，碰到困苦与挫折，我们也能大步向前。

不纠结于已失去的事物

错过，不失为人生中一件痛苦之事。人生中一些极美、极珍贵的东西，有时会与我们失之交臂，这时的我们总会因为错过美好而感到遗憾和难过。可是喜欢一样东西不一定非要得到不可，俗话说："得不到的东西永远是最好的。"当你因一份遥远的美好而心驰神往时，远远地欣赏它也许是最明智的选择，虽然错过了这份美好，但有可能有另一份美好在等你收获。

著名的哈佛大学称要在中国招收一名学生，这名学生的所有费用由美国政府全额提供。初试结束了，有 30 名优秀学子成功入选。

最后一天，是面试的日子。这 30 名学生及其家长云集在某酒店等待面试。当主考官劳伦斯·金出现在酒店的大厅时，马上被大家包围起来，他们用流利的英语向他问候，有的甚至已经开始向他介绍自己了。这时，只有一名学生，由于起身晚了一步，没来得及围上去，等他想接近主考官时，主考官的周围已经是水泄不通了。

他觉得自己已落后别人一步，希望变得更加渺茫，于是有些懊丧起来。正在这时，他看见一个异国女人有些落寞地站在大厅一角，两眼无神地盯着窗外，他想：身在异国的她是不是发生了什么麻烦事，不知自己能不能帮得上忙？于是他走过去，彬彬有礼地和她打招呼，然后向她做了自我介绍，最后他问道："夫人，我能帮上什么忙的话请您告诉我。"接下来两个人聊得很是投缘。

后来，劳伦斯·金竟然选了这名学生，在 30 名候选人中，他的成绩并不是最好的，而且面试之前他错过了跟主考官套近乎、加深自己在主考官心目中印象的最佳机会，但结果却是塞翁失马，焉知非福。原来，那位异国女人正是劳伦斯·金的夫人。

错过了机会，收获的并不一定是遗憾，有时候可能是更美好的事。

许多情感，可能只有经历过之后才会懂得，比如痛过了之后才会懂得如何保护自己，傻过了之后才会懂得适时地坚持与放弃，在得到与失去的过程中，我们逐渐更懂自己，更懂生活。其实生活并不需要那些无谓的执着，没有什么真的不能割舍的，错过了就学会释怀，生活才会更加美好！

所以，即使当你处在人生的低谷时，也不要为错过而惋惜，不如继续努力去争取新的收获。

人生的快乐在于计较得少

人生在世，免不得有各种各样的烦心事与不如意，如果斤斤计较，那生命无疑会生出一桩桩累赘，生活也会变得越来越晦暗。

1945 年 3 月，罗勒·摩尔和其他 87 位军人在贝雅 S·S318 号潜艇上。当时雷达显示有一个驱逐舰队正向他们所在的方向驶来，于是他们就向其中的一艘驱逐舰发射了三枚鱼雷，但是都没能击中目标。这艘舰也没有发现他们所在的潜艇。但当他们准备攻击另一艘布雷舰的时候，这艘布雷舰突然掉头向他们开来，他们推测可能是一架日本飞机探测到了他们的这艘位于 19 米水深处的潜艇，用无线电告诉了这艘布雷舰他们的潜艇所在的位置。

他们迅速潜到相对安全的 46 米水深处，以免被日方探测到，同时也为应对深水炸弹做准备。他们在所有的船盖上多加了几层栓子。3 分钟之后，他们突然感到附近的水似炸裂一般。6 枚深水炸弹在他们的四周爆炸，他们直往水底——深达 84 米的地方下沉，潜艇上的人都吓得出了冷汗。

常理是，如果潜水艇在不到 152 米水深处受到攻击，深水炸弹在离它 5 米之内爆炸的话，神仙也救不了你。罗勒·摩尔吓得不敢呼吸，他在想："这回完蛋了。"在电扇和空调系统关闭之后，潜艇的温度高达近 40 度，但罗勒·摩尔竟然浑身汗毛竖立，牙齿打战，身冒冷汗。15 小时之后，攻击停止了，显然那艘布雷舰看炸弹用完之后就离开了。

这场攻击一共持续了 15 小时，对罗勒·摩尔来说，就像有1500 年。这期间他过去的一些生活场景浮现在眼前，他想到了以前所干的一些坏事，他曾放在心上烦恼过的一些小事。他曾经为工作时间长、薪水太少、没有多少机会升迁而发愁；他也曾经为不能买更好的房子，没有钱买部新车子，没有钱给妻子买好衣服而忧虑；他非常讨厌自己的老板，因为这位老板总给他找麻烦；他还记得有时回家的时候，自己感觉身心疲惫，就跟妻子为一点小事而吵架。

摩尔说："这些年来，我烦恼的事在以前觉得都是大事，可是在深水炸弹威胁着要把我送上西天的时候，这些事情显得多么的荒唐、渺小。"就在那时，他向自己发誓，如果他还有机会活下来，就永远不会再为小事忧虑。在潜艇里那可怕的 15 小时里所学到的，远比他在大学里学到的多得多。

有时，导致失败的往往不是看似大灾难的挑战，而是一些微不足道的、芝麻绿豆的小事。人们的大部分时间和精力都无休止地消耗在这些芝麻绿豆的小事之中，最终让它们成为自己人生的绊脚石。

有一条关于法律的名言："法律不会去管那些小事情。"一个人不该总为一些小事斤斤计较、忧心忡忡，不然他不可能获得真正的快乐和幸福。

很多时候，要想摆脱一些小事情带来的烦扰，只需将你的注意力的重点转移开来，给自己设定一个新的、能使你开心一点地看问题的角度与方法，这样就可以真正体会到生活的快乐了。

及时地调整你的忧虑

忧虑是一种过度忧愁和伤感的情绪体验。每个人都会有忧虑的时候，但如果是毫无原因的忧虑，或虽有原因，但不能自控，长期心事重重，整天拉着个苦瓜脸，就是病理性的忧虑了。

假若不及时调整，一味地忧虑下去，那么只是在折磨自己，事情也不会发生任何的转机。

有一个人起初家境一般，和家人住在不大的房子里，过着普通简单的生活。可是，突然有一天，他买彩票中奖了，一下子中了五百万元，他有了房子，有了车子，有了身边的人所没有的一切。许多亲朋好友听说他中奖了，就纷纷跑到他家来哭穷借钱，如果他婉言拒绝，亲朋好友就会指着他的鼻子骂"见利忘义"。终于有一天，他无法承受这样的痛苦，全家背井离乡到另一个完全陌生的地方，开始重新生活。

后来的日子里，虽然没有亲朋好友来借钱的烦恼，但他却要一切从零开始。看着剩下的大部分钱财，他开始犯愁了。是存银行坐吃山空，还是用来投资股票、期货？放在家里万一被偷了怎么办？万一邻居发现自己是百万富翁怎么办？如果投资亏损了怎么办？放在银行贬值了怎么办？他整天为这些问题烦恼着，每天，他都谨小慎微，不敢过得太张扬，看似过着普通的日子，但是却时刻提心吊胆，担忧自己的富裕在别人面前显露了。这个中奖的人在临死前，想起了以前没有钱的日子，虽然普通简单，却是人生中最幸福的日子。有钱了，却让自己大半辈子都活在担惊受怕和烦恼中，最后在痛苦里郁郁而终。

如果晚至凌晨，你还在忧虑，让一副副重担都压在你的心上：到哪里去找一间合适的房子？如何找一份好一点的工作？……内心的忧虑便会让你更加烦恼，反而没有时间去想解决办法。

若你想让自己的心简单，你可以对自己说一些简短的话，说之前要深呼吸、放松。比如你对自己说："冥冥之中自有安排。"

仔细想一些有魔力的词句，给自己以精神慰藉，不要让自己的内心在迷惘和彷徨之中徘徊。

忧虑与计划安排不能相提并论，虽然二者都是对未来的一种考虑。对未来的计划安排有助于实现你的期待与梦想。而忧虑只是因今后可能发生

的事情而产生的焦躁不安的情绪，它对于你的生活或工作都助益不大。忧
虑是现代社会人们的通病，几乎每个人都要花费一些时间为未来担忧。忧
虑消极而无益，如果你是在为毫无积极效果的行为浪费自己宝贵的时光，
不如趁早把这一缺点改掉。

世上本无事，庸人自扰之

有一个年轻人踏上了寻找解脱烦恼之秘诀的旅途。他见山脚下绿草丛中一个牧童在那里悠闲地吹着笛子，无比的怡然自得。

年轻人便疑惑道："你那么快活，难道没有烦恼吗？"

牧童说："骑在牛背上，笛子一吹，烦恼就都被吹跑了。"

年轻人试了试，但烦恼丝毫没有减少。

于是他继续上路，继续寻找。

走到小河边，见一老翁正专注地钓鱼，神情怡然，面带笑容，于是便上前问道："你能如此投入地钓鱼，难道没有烦恼吗？"

老翁笑着说："静下心来钓鱼，烦恼就都被抛到脑后了。"

年轻人试了试，可脑海中的烦恼还是挥不去，怎么都静不下心来。

他只好又赶路，继续寻找。他在山洞中遇见一位面带笑容的长者，便又向他讨教解脱烦恼的秘诀。

老年人笑着问道："有谁绑住你让你不能移动没有？"

年轻人答道："没有啊。"

老年人说："既然没人绑住你，又何谈解脱呢？"

年轻人若有所思，顿时恍然大悟，原来他是被自己所设置的心理牢笼束缚住了。

著名学者萧伯纳的名言："痛苦的秘诀在于有闲工夫担心自己是否幸福。"故事中的年轻人，四处寻找解脱烦恼的秘诀，却不知道这引发了更多不必要的烦恼。许多烦恼和忧愁源于外物，却是形成于内心，如果心灵没有受到束缚，外界再多的侵扰都不能牵动你内心的分毫安宁，反之，如果内心波澜起伏，功利、悲喜都不能以平静之心对之，那么即便是再安逸的环境，都无法洗脱你心灵上的"尘埃"。正所谓"菩提本无树，明镜亦非台，本来无一物，何处惹尘埃"，所有的烦恼与忧愁，都是动摇的心所激荡起的涟漪，只要有"牧童牛背吹笛""老翁临渊钓鱼"般的心绪，静心享受生活之乐，不去庸人自扰，就能少很多烦忧。

有些事情必须等待

等待，是生存的技能之一，要生存，你就得明白什么是积极的等待，在等待中蓄积力量，在等待中磨炼锐气，在等待中寻找机会。在人生的道路上，假使没有耐心去守候成功的到来，那么，只有用一生的时间去直面失败。在漫长的人生旅途中，总有一段除了等待以外再也没有办法可以通过的阶段。

人的能力是有限的，总会遇到好多自己无法解决而倍感无可奈何的事情，为了更好地生存和前进，在这个阶段，我们一定要等待。人生不可能有过不去的坎，遇到不顺利的事情，如果没办法改变，我们就需要暂时地等待。

磨快刀剑，等待被朝廷重用。

蛹只有等待破茧后才能化为漂亮的蝴蝶。人的一生又何尝不是这样的，磨炼、挫折、困难……这些都是成长中必经的体验。

我们务必要以平常心去看待，一定不能因此而抱怨不已、悲观绝望。只有历经等待，才能体会到快乐的得之不易，才能变得更加有耐性，才能更加深层次地领会人生的意义。

要想吃到可口的果实，一定要等到果子都熟了；要想喝上醇香的美酒，要有耐心等待漫长的窖藏。很多事情我们务必要等待，心急如焚不行，拔苗助长更不应该。

一条小河，此岸都是荆棘满布、杂草丛生，而彼岸芳草鲜花、鸟鸣嘤嘤。此岸有几条毛毛虫，非常向往彼岸，它们埋怨它们的母亲为啥把它们生在这种鬼地方。蝴蝶母亲说："你们明白吗，出生在这边比那边更安全。如果要到彼岸，必须要等到长大，而现在还不是时机。"毛毛虫们都不以为然，只有一条例外。

某天，一名小男孩在河水里游泳，出于好奇心，游到此岸。几条毛毛虫迫不及待地落在小男孩头上，想借机到彼岸去。不料小男孩返回时，在下水的刹那，发现了头上的异样，几下就弄死了那几条毛毛虫。

没过多久，此岸又出现了几只野鸭，又有几条毛毛虫想借助鸭子到达对岸。尽管这种尝试非常危险，但它们还是看好这次机会，落在几只鸭子的身上。鸭子们开始并不知道。就在毛毛虫们暗自得意的时候，鸭子们看见了彼此身上的美味，之后就是饱餐一顿。

尽管如此，其余的虫子对彼岸的憧憬也从没失去过。它们仍然在寻找机会。

机会终于来了。一日，河里起了大风，风向恰好是从此岸吹向彼岸。毛毛虫们一起爬上落叶。落叶瞬间就被风吹到河里，这正合了它们的心意：以叶为舟，渡过河去。但渡河期间，风太大，那些落叶都被吹翻了，毛毛虫们都被水无情地淹死了。只有一条听了妈妈的话的小毛毛虫，在经过成长后，变成一只蝴蝶，飞过河，到达了美丽的彼岸。

确实，人生不是时时顺利、处处平坦，不是时时好运相伴，常会夹杂着一些不幸，几多烦恼。一旦遭遇不顺和困难，我们就需要理智处理、静静等待，毕竟，醇香的美酒和胜利的快乐都是需要时间的沉淀才能享受的。

梅花斗艳，独立寒枝，是为等春天的降临；雨声潇潇，花木入梦，是在等待晨曦的到来；江河咆哮，日夜奔流，是在等奔入大海的那一刻；鹰立如睡，虎行似病，是在等待出击的时机。

有些事情是不能等的，有些事情则需慢慢地等。学会等待，我们才能释怀某些感情，才能享受精彩人生。等待是为了有所作为，因此我们得放弃等待中毫无意义的埋怨，学会积极地等待。

Part
06

敢于舍弃，你将会收获更多

放弃并不等于失去

放弃，并不意味着失去，有时只有放弃才会有另一种收获。

现实中要放弃不属于你的至爱会难过，会心痛，会在很长一段时间难以释怀……但背着"包袱"走路会更辛苦！我们要抱着积极乐观的心态，相信失去后才能际遇另一种美好。

一个老人在上火车的时候，不小心弄丢了一只刚买的新鞋，周围的人都为他惋惜。但是，让很多人意想不到的是，老人立刻把另一只鞋从窗口扔了出去。没有人可以理解他的这种行为，但是老人却微笑着解释道："这只鞋即便再昂贵，对我来说也已经没用了，如果有谁捡到一双鞋，说不准还能穿呢！"

有时我们在面对一些事和东西的时候，与其抱残守缺，不如断然放弃。有些人因有过失去某种重要的东西的经历，就在心里留下了阴影。究其原因，就是他们并没有调整好心态去面对失去，没有从心理上承认失去，总是缅怀那些已经不存在的东西。

事实上，与其为失去的而懊恼，不如正视现实，换一个角度想问题：也许你的失去，正是他人的得到。这样我们就会减轻因失去东西而感到的伤心难过，得到一种解脱和快乐。

已经摔碎了的东西，
不必再留恋。

再如，有些普通工薪阶层的人，自己省吃俭用，朴实无华，却用心致力于慈善事业，资助那些急需帮助的人，虽然他们失去了金钱，自己能够享受到的不多，但内心却非常充实、快乐。他们的快乐，是一种精神上的愉悦感受，不是靠金钱和拥有东西的多少来衡量的。

放弃是为了新的理想的开始

生命中有些东西，就像是握在手中的细沙，握得越紧流失得越快。在我们的生活中，往往要许久之后才会明白自己真正所需要的，甚至穷尽一生也不会明白！面对已经拥有的，有的人又因为患得患失，心里总存在着一份忐忑与担心。生命中的有些事物，我们拥有的时候，也正在失去，放弃了，我们也许又会重新获得。放弃也许是另一种生活，另一种理想的开始！

20 世纪初，中国人因为战争生活于水深火热之中，民不聊生。

鲁迅在日本留学时学的是医术。一天，上课时放映了一部片子，这部片子讲述的是日本战胜俄国后，一个给俄国人当侦探的中国人，即将被手持钢刀的日本士兵砍头示众，而周围站着许多围观的中国人，他们却个个无动于衷，脸上是麻木的神情。在中国人被砍了头以后，他们却还鼓掌、欢呼起来。而这种欢呼声深深刺痛着鲁迅的心。他身边的一名日本学生说："看这些中国人麻木的样子，就知道中国一定会灭亡！"鲁迅听到这话后，忽地站起来，向那个日本同学投去了威严不屈的目光，然后昂首挺胸地走出了教室。他的心像大海一样汹涌澎湃，他清楚地认识到要想拯救中国，首先要拯救中国人民的灵魂。于是他下定决心，弃医从文，决定用笔来唤醒中国老百姓。从此，鲁迅把文学作为自己的目标，用手中的笔做武器，写出了《呐喊》《狂人日记》等许多经典作品，向黑暗的社会发起了挑战，唤醒了数以万计的中华儿女站起来同愚昧、不公进行英勇斗争。他夜以继日地写作，直到生命的最后一刻。

鲁迅先生放弃了学医之路，放弃了自己最初的理想，毅然地拿起了手中的笔，成了人民的作家，用自己犀利的文字唤醒了那些沉睡的国民，他以笔为武器，深深地刺进敌人的胸膛。为了民族的解放、国家的独立、人民的幸福，他无怨无悔地燃烧着自己。为了达到"唤醒国人"的目的，他不断地调整自己的方向，每一次放弃的同时都意味着有另一个更明智的选择。因为懂得适时放弃，他才实现了自己的理想！

不"舍"不"得"

有些人把自己看得太过重要，时刻想要展示自己那点儿小聪明，占点儿小便宜；有些人精明的脑瓜转得很快，一直在算计，没人能从他们那里白白得到什么好处。看起来，他们似乎没有吃一点儿亏。

其实，这样斤斤计较、精于算计，就如同一只井底之蛙，只看到头顶那一方狭小的天空，自以为是。让他们窃喜不已的那些小伎俩不过是在不断提高别人的警觉，也阻碍了他们与别人的交往，无形中导致他们放弃了利益最大化的共享。他们的确没有让别人占到一点点的便宜，可是也在无形中让自己蒙受了更大的损失。

舍得舍得，若不肯舍，又该如何得到呢？有时候，我们原本可以获得很多，却总是因为舍不得眼下微小的好处，失去更大的利益。天下没有免费的午餐，这实在是很有智慧的一句话，你让别人得到好处，别人才会让你有所收获。

两个饥饿的人得到了不同的帮助：一根鱼竿和一篓鲜活硕大的鱼。一个人得到了一篓鱼，另一个人得到了一根鱼竿，然后两人便分道扬镳了。

得到鱼的人就地用干柴燃起篝火煮起了鱼，他狼吞虎咽，转瞬间，连鱼带汤就被他吃了个精光，他却还没有品味出鱼的香，不久后，他就饿死了。另一个人则提着鱼竿继续忍饥挨饿，一步步走向海边，可当他已经能看到不远处那片蔚蓝色的海洋时，他最后一点力气也使完了，只能眼巴巴地带着无尽的遗憾撒手人间。

又有两个饥饿的人，他们同样是得到这两种帮助。只是他们并没有各奔东西，而是一同前进。他俩每次只煮一条鱼分着吃，经过遥远的跋涉，来到了海边，从此，两人以捕鱼为生，几年后，他们盖起了房子，有了各自的家庭，有了自己建造的渔船，过上了幸福安康的生活。

一个人目光短浅，得到的终将是短暂的欢愉；一个人理想高远，但也要面对现实的生活。要结合理想和现实，才有可能成为一个成功之人。有时候，一个简单的道理，却足以给人意味深长的生命启示。

古人说过"塞翁失马，焉知非福"，眼前虽有损失，没准日后会有回报。

人总是"比上不足，比下有余"的。我们要化"不足"为奋进的动力，要想收获，就要勤于付出，要想得，也要懂得舍，想通了，自己轻松，大家轻松。

聪明人有时会认为自己可以用小功夫造就大作为，却忘记了客观因素。投机取巧并不是长久之计，有些时候，别自作聪明，踏踏实实去做一些事情，反而更容易取得成功。

法国有位哲人说过："如果你想树立敌人，只要处处压过他、超过他就行了。但是，如果你想赢得朋友，你可以让朋友在某些方面超过你。"

这正是在告诉我们，当我们一直在高处时，往往会让对方产生自卑甚至引发妒忌的情绪。因而，只有我们适时收敛光芒，用谦和的态度对待周围的人和事，让别人展示自己，才能与周围的人融洽地相处，让人乐于接近你。

不要想着天下所有的好事都能被你占到，别因为失去一点儿蝇头小利就沮丧不止。

有一个十分吝啬的农夫，他的仓库里有好多老鼠。刚收上来的粮食就这样被老鼠肆无忌惮地糟践，农夫气得咬牙切齿，他发誓要收拾这些猖狂的老鼠。于是，他从朋友家里抱来一只能干的大花猫，用来对付仓库里的老鼠。

农夫对花猫许诺，只要抓到老鼠，就给它奖赏，抓住的老鼠越多，食物越丰盛。于是，花猫干得很卖力，它每天都尽职尽责，只要一有风吹草动就马上行动，它得到的食物很丰盛，仓库里的老鼠也越来越少。

农夫见花猫抓到的老鼠越来越少，给它的食物也越来越不好。花猫不服气，它每天都很认真地在工作，为什么会这样？于是，花猫去找农夫理论，农夫却这样说道："你抓的老鼠多，你的奖赏就多。现在你抓的老鼠少了，我凭什么还要好吃好喝地待你？"

　　花猫听了十分生气，觉得农夫真讨厌，它这样忠心耿耿，农夫居然还这样待它，这么自以为是的人根本不值得它为其卖命。

　　第二天，来了只小老鼠。大花猫心想，反正捉了它也得不到多少食物，还不如把它抓到粮囤中养起来再说。

　　等老鼠吃得又肥又大的时候，大花猫才捉去见主人，说："主人，你看我把一只大老鼠给您捉来了。"

　　农夫见老鼠这么大，惊喜地想：这老鼠一定偷吃了不少粮食。于是，他立即奖赏了大花猫两尾大鲤鱼，并鼓励它说："你的贡献太大了，希望你捉更多这样的大老鼠！"

　　"哼！只看表面成绩的瞎子。"大花猫一边吃着鲤鱼，一边暗暗笑道，"你能有多少粮食给我养老鼠？"

　　我们有时也会像农夫一样，只看到表面的成绩，不讲究长远的效益，看不到自己无知的一面，甚至还在为自己的小聪明沾沾自喜。

适时进退，选择最佳道路

有一句古话"知进退存亡而不失其正者，其唯圣人乎！"讲的是一个充满辩证意义的人生哲理：知道前进和后退、生存和灭亡的道理而又不失掉正确原则的人，这大概就是圣人吧！

有些人很精明，特别注重功利，因此，常常只知进而不知退，或者为达目的而铤而走险。事实上，这是小聪明，因为他们不明白进退结合的好处，所以总是走弯路。只有那些拿得起、放得下的人才真正称得上是聪慧的人，他们清楚"善退才能善进"的道理，唯有如此，才能稳中求胜，笑到最后。

1990 年，安德期·通斯特罗姆被聘为瑞典乒乓球队主教练。因为通斯特罗姆对运动员教导有方，再加上其战略战术运用得相当巧妙，因此，瑞典乒乓球队年年成绩斐然。在 1991 年的世乒赛上，他带领的瑞典男队包揽了全部金牌，在 1992 年的夏季奥运会上，他们又取得男子单打金牌，这块金牌也是瑞典在此次奥运会上所获得的唯一的金牌。

可是，正当瑞典国民向通斯特罗姆寄予更大的期望的时候，他却毅然宣布将于 1993 年 5 月世界乒乓球锦标赛结束后辞职。通斯特罗姆的成绩如此优异，瑞典乒乓球联合会也向他表达了延长其雇佣合约的意愿，那么，他为何要在事业顶峰的时候忽然卸任呢？这让许多人感到迷惑不解。

事实上，让通斯特罗姆做出辞职决定的，正是由于他连年取得的成功。通斯特罗姆说："自我上任主教练以来，瑞典乒乓球队取得了一次又一次的成功，可是目前我不得不承认我的潜能已被挖到极限了，很难带领运动员去创造更新的辉煌。瑞典乒乓球队需要注入新鲜血液，需要一个新人来领导。"

"退"之后并非一片空白，反而有可能开启人生的新篇章。有"体操王子"之称的李宁，在因伤退出体坛后选择了办实业的道路，照样取得了让人仰羡的辉煌成就。人生的道路并非一帆风顺，你有可能获得集荣耀富贵于一身的快乐，也就有可能要面对高处不胜寒、长江后浪推前浪的困境。要懂得适时进退，选择自己的最佳道路。

无限欲望使生命远离幸福

人们的一些本能的欲望，无论是生理性或心理性的，都应该控制在合理的范围内。世间万事万物都有其自身的发展规律及内在本质，因此，欲望的有效性与必要性是有限度的，如果你的欲望是无限的，总是感到不满足，总有新的欲望无休止地产生。在欲望的推动下，总是奢望更多，无限度地追求，那么这些过度释放的欲望就会造成破坏力量。所以，过度放纵自己的欲望是十分愚蠢的。要控制自己的欲望，不要让它在你的内心随意滋生，不要让自己成为欲望的奴隶，要做到适可而止，知足常乐。要知道"过犹不及"的道理，欲望如果超过一定的限度，便达不到你期待的效果，也会给你造成更多的损失和伤害。

曾经看过这样一个故事：

在大森林的边缘住着一个小男孩，有一年冬天，大地被积雪所覆盖，小男孩家里的柴和米都没有了，他只能出门滑着雪橇去拾柴火。捡到了柴，小男孩把它们捆起来后，发现自己快要被冻僵了，于是他想，先不要回家，便就地生起一堆火先暖暖身子。于是他清理出一块空地，忽然发现空地上有一把小小的金钥匙。他想，既然连钥匙都是金的，那么被锁住的东西肯定更值钱了，于是便往里挖，不一会儿，他挖出了一个大铁盒子。"要是这钥匙能打开这锁就好了！"他想，"那个小盒子里一定有许多珠宝。"他找了找，却找不到锁眼。

最后他发现了一个小孔，小得几乎看不见。他试了试，钥匙正好能插进去。他转动钥匙，可是他发现钥匙不但转不动，而且还拔不出来了，最终他一无所获。

这就是欲望，如果用得到的钥匙去换钱，那么他便会有所收获，为什么非得去追求更多？人生的许多不幸，大多不是来自自身的贫穷，而是来自自身的欲望。有的人总是在得到一点小利之后还贪求更大的财富，并总是想在大量的物质财富里获得幸福，这就是人类思维意识中的误区。我们的痛苦、我们的不幸，不是因为我们拥有得太少，而是源于我们计较得太多。在物欲横流的今天，面对这个光怪陆离的世界，很多人被物欲所困，不惜以身试法，最后踏上了一条不归路。我们要适时调整自己的心态，将自己的欲望掌控在合理合法的范围内，这样我们才不至于在物欲横流的生活中滋生出无限的欲望，累身累心或误入歧途。

失之东隅，收之桑榆

从前，有一个国王，他有七个美丽的女儿，她们都拥有一头乌黑亮丽的长发，国王送给她们每人 100 个漂亮的发夹。

一天早上，当大公主起床后准备梳头时，突然发现自己少了一个发夹，于是她偷偷地到二公主的房里，偷走了一个发夹。二公主发现少了一个发夹，便到三公主房里偷走了一个发夹……六公主只好偷走七公主的发夹。于是，七公主的发夹只剩下 99 个。

几天之后，邻国英俊的王子来到皇宫，他对国王说："昨天我养的百灵鸟叼回了一个发夹，我想这一定是属于某位公主的，这真是一种奇妙的缘分，不知道是哪位公主掉了发夹？"前六个公主听到了这件事，都在心里暗自后悔。

但是，她们每个人的头上都完整地别着 100 个发夹，失去了机会。只有七公主走出来说："我掉了一个发夹。"

从那以后，王子与公主一起过上了幸福快乐的日子。

我们在生活中，常常都在取与舍中选择，在得与失中徘徊。人生不必太圆满，要明白正因为有缺憾，未来才蕴含无限的转机！

只有懂得"失之东隅，收之桑榆"的道理，才能让自己步入柳暗花明的新天地。

慎对贪婪，知足常乐

贪婪的人总是不满足。有了这个好的东西，还想要那个更好的东西；有了一百万，还想要二百万，三百万……有多少他就想要多少，最好把全世界的东西都占为己有。但切记：过犹不及。

纳粹头子希特勒就是一个例子。他先把势力范围扩大到邻近的国家，然后，他把战争扩展到北非、苏联。可是，到最后成为众矢之的，最终自食恶果，自杀身亡。

在当今社会中，人的贪婪大都是表现在金钱上的。为了金钱，可以不顾他人利益、集体利益，甚至可以不顾亲情、友情、爱情。可是贪婪的人到最后能有什么好结果呢？

为了钱犯罪的人无一人能逃过法网。比如为了物质上的享受，有的干部收受贿赂最终受到法律的制裁等。

有人曾问过一个炒股票的人，怎样不输钱。他回答说："要记住两个字——知足。"他说，如果一贪婪，就会连投进去的资本都保不住，血本无归。所以，做事是要适可而止的。过度贪婪者，轻则倾家荡产，重则锒铛入狱，被判死刑。

有一个小孩，大家都说他很傻，如果同时给他 5 角和 1 元的硬币，他总是会选择 5 角的硬币，却不要 1 元的。不信的人，就拿出来两个硬币，一个 1 元，一个 5 角，让那个小孩任选其中的一个，结果，那个小孩真的挑选了 5 角的硬币。那个人就觉得十分奇怪，便去问那个小孩："难道你分辨不出硬币的币值吗？"

那个小孩小声说："如果我选择了 1 元钱的话，就不再有人跟我玩了！"

这就是那个小孩的聪明之处。

的确如此，如果他选择了 1 元硬币的话，人们认为他精明、贪婪，就没人再愿意跟他继续玩下去了，而他得到的，也只是 1 元钱。

因此，在现实生活当中，我们不妨向那个"傻小孩"看齐——不去"要 1 元钱"，而"取 5 角钱"。

但在现实社会中，不乏贪婪的人！他们不懂得适可而止，轻则导致众叛亲离，重则导致前途尽毁，断送生命。

现代社会也存在着下列现象：人际关系一次用完，做生意一次赚足！这都是在断自己的后路！人们不懂得像那个小孩一样的"傻"会让他们获得更多回报。

欲望诱惑着人们追求物质生活的更高享受，而过度追逐只会陷入错误。因此，凡事适可而止，才能把握好自己的人生方向。

> 几个人在岸边钓鱼，旁边有人在观景。只见一位钓鱼者竿子一扬，钓上了一条好大的鱼，足有一尺多长，鱼落在岸上后依旧跳跃。可钓鱼者却用脚踩着大鱼，解下鱼嘴内的钓钩，将鱼丢进海里面。
>
> 旁边的人发出一片惊呼，这么大的鱼还不能令他满意，可见，他的钓鱼"野"心之大。就在众人屏息以待之际，钓者鱼竿又是一扬，这次钓上的还是一条大鱼，钓者仍放鱼归海。
>
> 第三次，钓者的钓竿再次扬起，只见钓线末端钩着一条小鱼。众人以为这条鱼也肯定会被放回海里面，不料，钓者却将鱼解下，小心地放入自己的鱼篓当中。
>
> 众人百思不得其解，就问钓者为何舍大而取小。
>
> 钓者回答说："哦，因为我家里面最大的盘子也只不过有一尺长，把太大的鱼钓回去，没法盛啊。"

在经济发达的今天，像钓鱼者这样舍大利取小利的人少了，而舍小利取大利的人却越来越多。他们不明白知足常乐的良好品性才是安全、健康、长寿之本。

大千世界，万种诱惑，什么都想要，人会累死，该放就放，才会轻松快乐过一生。贪婪的人往往很容易被短暂的利益所迷惑，甚至难以自拔，等后悔却已晚矣！

> 一次，一个猎人捕获了一只能说 70 种语言的鸟。

"放了我，"这只鸟说，"我将会送你三条忠告。"

"先告诉我，"猎人回答道，"我发誓我会放了你。"

"第一条忠告是，"鸟说道，"做事后莫懊悔。"

"第二条忠告是：如果有人告诉你一件事，你自己认为是不可能的就不要相信。"

"第三条忠告是：当你爬不上去时，就不要费力去爬。"

然后，鸟对猎人说："该放我走了吧。"猎人信守承诺，将鸟放走了。

这只鸟飞起后落在一棵大树上，又向猎人大声喊道："你真愚蠢。你把我放掉了，你不知道我藏有珍珠，正是这颗珍珠使我变得这样聪明。"这个猎人很想再去捕捉那只被放飞的鸟。他跑到树跟前并开始爬树。但是，当他爬到一半时，摔下来了。

鸟嘲笑他并向他喊道："笨蛋！你忘记了我的忠告。我告诉过你，'做事莫懊悔'，而你却后悔放了我。我告诉过你，'如果有人告诉你一件事，你自己认为是不可能的就不要相信'，而你却相信像我这样一只小鸟的嘴中会有一颗很大的珍珠。我告诉过你，'当你爬不上去时，就不要费力去爬'，你却强迫自己去爬树，结果掉下去了。"

说完，鸟就飞走了。

人常常因为贪婪会犯傻干些蠢事。所以，任何时候都要有自己的主见和辨别是非的能力，不要被假象所迷惑。贪婪是一种顽疾，人们极易成为它的奴隶。人的欲念无止境，当得到不少时，仍指望得到更多。一个人贪求厚利、永不知足，那是放任自己的愚蠢。贪婪是一切罪恶之源；贪婪能令人忘却一切，甚至是自己的人格；贪婪能令人丧失理智，做出蠢事。因此，我们真正应当采取的态度是：慎对贪婪，知足者常乐。

但应指出的是，"贪婪"在某些方面却是使人获得成功的源泉。

当你在求知的过程中艰难探索时，"贪婪"令你充满斗志，对知识的渴望会令你在知识的海洋中乘风破浪、勇往直前，在攀登知识高峰的时候披荆斩棘、无所畏惧。

作家海明威"贪婪"地想要战胜莎士比亚，击败屠格涅夫，超越莫泊桑、司汤达。于是，他刻苦写作，终于得到了 1954 年的诺贝尔文学奖。

综上所述，如果把贪婪用在物质追求上，会有不利；如果把贪婪用在学问、精神等追求上，就必定会获得成功。

从吃亏当中获得智慧

美国亨利食品加工工业公司总经理亨利·霍金士偶然从化验室的报告单上看到：他们生产食品的配方中，有保鲜效果的添加剂是有毒的，这种毒的毒性并不大，可长时间食用会对身体有害。另一方面，假如食品中不用添加剂，则会对食品的鲜度有所影响，对公司将是一大损失。

亨利·霍金士面临着一次抉择，是真诚还是欺骗？全面思考了一下后，他觉得应以诚对待顾客，虽然自己有可能面对各种难以预测的后果，可他果断决定把这一有损销量的事情告诉顾客。于是，他马上向社会公布，防腐剂有毒，长时间食用会对身体有害。

消息一公布就引起了强烈的反响，霍金士面临着十分大的压力，不但自己的食品销路锐减，而且所有从事食品加工的老板都联合起来，用尽一切手段向他施加压力，同时指责他的举动是别有用心。因此，他们联合各家企业一起压制亨利公司的产品。在这种自己食品销量锐减，又面对外面抵制的逆境下，亨利公司一下子跌到了濒临倒闭的边缘。

在努力挣扎了 4 年之后，亨利·霍金士的公司差不多危在旦夕了，可亨利·霍金士的好名声却经久不衰。这时候，他的命运出现了转机——政府站出来扶持霍金士，在政府的大力支持下，加之亨利公司诚实经营的良好口碑，亨利公司的产品又成了人们放心食用的热门货。

因为政府的大力支持，加之亨利·霍金士真诚对待顾客的良好声誉，他的公司在很短的时间内便恢复了元气，并且规模扩大了两倍。

做事灵活的人，可以从吃亏当中获得智慧。"吃亏是福"是一种哲学的思维方式，就表面而言，"吃亏是福"会给人以傻乎乎的印象，可是，这样的人自有他们的一片天地。

大部分人都知晓刘邦与项羽的故事，在称雄争霸、建立功业上，两人表现出了完全不同的态度，最终也得到了完全相反的结果。著名文豪苏东

坡在评价楚汉之争时就开门见山地指出：项羽之所以会败，并不是老天要亡他，而是由于他不能忍，不想吃亏，白白浪费了自己百战不殆的勇猛；汉高祖刘邦则相反，他能忍，能吃亏，懂得养精蓄锐、等待时机，直攻项羽的弊端，由弱势转变成强势，所以最终夺取了胜利。

丢掉『心理垃圾』，
给生活一个笑脸

别让愤怒霸占了生活

一位父亲教他 5 岁的儿子使用剪草机，父子俩正剪得高兴，突然屋里的电话响了，父亲进屋去接电话。5 岁的孩子把剪草机推上了他爸爸最心爱的郁金香花圃，父亲接完电话后出来，看到这一场景，脸都气青了，他的拳头已经举向儿子。这时孩子的母亲出来了，看见满目狼藉的花园，顿时明白了是怎么回事，她温柔地对丈夫说："我们现在人生最大的幸福是养孩子，培育、欣赏郁金香的时代过去了。" 3 秒钟后，父亲的愤怒消失了，一切归于平静。

故事中的父母是会生活的人，因为他们知道种花、养花是为了让生活更美好，但不是生活的重心，更不可能是生活的目的。人们不快乐、常生气、多烦恼，往往是因为做事太计较得失，从而掩盖了生活的乐趣。

生活的智慧就在于不管发生什么事情，你都能明白自己最想要的、最该珍惜的是什么。是一个花圃，还是一份情感？只有弄明白什么是最想要的，你才能分清生活中的主次，才不会让自己因那些琐碎小事而生气。

下面故事中的禅师，就为我们树立了良好的榜样。

有一位金代禅师非常喜爱兰花，在平日弘法讲经之余，花费许多的时间栽种兰花。

有一天，他要外出云游一段时间，于是将自己栽种的兰花托付给弟子照顾。

在这期间，弟子们不负重托悉心照料。然而，有一天，一个弟子在浇水时，不小心将兰花架碰倒，所有的兰花盆都跌碎了，兰花散落在地上。

弟子们都非常恐慌，打算等师父回来后，主动向师父赔礼认罚。

金代禅师回来了，闻知此事，便召集弟子们。师父丝毫没有责骂弟子们，反而说道："我种兰花，一是用来供佛，二来也是为了点缀寺庙，愉悦性情，不是为了让自己生气才种的。"

金代禅师之所以能悟出这个道理，是因为他虽然喜欢兰花，但心中并不计较兰花的得失，也就是说，他不会因为兰花的得失影响心中的喜怒哀乐。

生活中遇到烦心事在所难免，如果能用一颗感恩的心来面对周围的一切，人就不会轻易地生气。

下面还有一个例子：

> 有个男人带了一位朋友回家，因回家晚了，进门就挨了妻子一顿责备。男人丝毫不介意，照样平静地为朋友倒水泡茶。
>
> "你涵养真好。"朋友赞美他。
>
> "不是涵养好不好的问题。"男人说，"我刚去过医院的太平间，当面对死亡的人时，我忽然觉得人只要活着，就连痛苦都算得上是一种享受。现在还能有妻子责备我，简直就是一种幸福了。"

被妻子责备居然可以算是一种幸福？多么深刻的感悟啊！我们常常感叹生活的艰辛、生存的烦恼和生命的缺憾，却没有意识到这些也只有活着才能体会到，我们已经承蒙着命运万分的恩宠了。

生而为人已是幸运，能在社会中生存下来就更加不易，我们又何必再自己给自己制造烦恼呢？

日常生活中，正因为我们牵挂得太多，太在意得失，所以才情绪起伏，觉得自己一直都不快乐。如果在生气之际，我们能多想想："我来工作不是为了生气""我不是为了生气而教书的""我不是为了生气而交朋友的""我结婚不是为了生闲气的""我不是为了生气而生儿育女的"……你愤怒的心绪就会平复下来。

不要让抱怨害了你

W·戴埃在《你的误区》一书中说："抱怨、责怪徒劳无益。人们大可肆意抱怨别人，拼命地责怪他们，但这不会有益于任何方面的好转。抱怨的唯一作用是为自己开脱，把自己情绪的不快或消沉归咎于其他的人或事。然而，抱怨本身是一种愚蠢的行为。"我们总抱怨工作压力大，却没有想过，如果离开了压力，也就失去了锻炼和挑战自己的机会。

人生不如意事十之八九，工作也是如此。一旦把工作想象得太过完美，则稍一出现与我们预想不一样的结局，就会十分沮丧。假如你向老板汇报工作时受到老板的批评，这时你也许会觉得心里十分委屈，可是你是否想过，你的工作都做到位了吗？你是否把工作安排得合理得当？是不是达到了老板的要求？你应该认真分析这次工作中出现的问题，避免它再次发生。

作为一名员工，要深刻地认识到抱怨毫无意义。只有改变，前途才会一片光明。

汤姆和杰克同时进入了一家公司做仓库保管员。他俩在同样的岗位上，可是他们的工作态度却截然不同。汤姆消极应付，杰克却做事积极，遇到事情主动解决。

仓库保管员这一职位看似低微，但杰克明白，仓库保管也是公司运营的一个不可或缺的环节。杰克抱着把工作做到最好的态度工作，而且他还以货物的流通为切入口，通过各种货物的流通速度评判公司的各项业务，找出周转缓慢、需要调整的业务，还把这些想法写成报告上交给公司。提交分析报告不是杰克的本职工作，他本来完全没有必要做这个。杰克这样做完全出于主动，他全身心投入工作中，所以十年间，他从保管员做到了副总裁。

汤姆依然在做着仓库保管员的工作，尽管抱怨不断，却始终没能改善处境。

生活在职场这个"大家庭"中，一个员工在抱怨时，会表露出自己的消极心态。他给周边人传递的信息常常是：我在公司得不到重视、我不喜欢这个工作。而这些都会直接影响公司领导对他的评价：这个员工是否对公司有价值？他能为公司带来哪些效益？或许只是一句看似无心的怨言，却改变了公司领导对他的看法。

工作中的抱怨，源自内心的阴郁。因为没有"阳光"，便以为别人抛弃了自己。如果打开心扉，积极努力，最终会发现，黑暗只是一瞬间，即使是阴霾密布，但只要满怀期待，不懈拼搏，希望的曙光终会来临。

抱怨无济于事，只能浪费光阴。一些员工在没有完成任务时总是找一些理由为自己辩护。殊不知，此时最重要的是自我反省，总结教训或提出补救措施。

与其用抱怨来发泄对同事、领导或老板的不满，不如努力发现自己可以改进的地方。这样一来，你会发现自己的处境大有改善。如果自己没有努力，就别抱怨别人不给你机会。那些喜欢大声抱怨自己缺乏机会的人，往往更容易失败。成功者不需要编造借口，因为他们能对自己的目标和行为负责，所以总能获得成功。

一位父亲带着年幼的儿子去爬山。到达山谷时，儿子心血来潮地对着山谷喊道："有人在吗？"山谷响应："有人在吗？"孩子又喊："你出来，不敢出来就是胆小鬼！"山谷也做同样的响应。孩子气急败坏地跺脚。

父亲看到这一幕，就借机对儿子说："山谷只是你声音的响应，你不必生气，如果你对山谷说好话，山谷也会用好话响应你。"

与人相处也应从善开始，这样才会有好结果。生活中，当你面带微笑问候别人的时候，对方自然也会报以微笑。职场也是一样，如果你想在工作中与众不同，就要减少抱怨的次数，调整自己的状态，向别人展示你已经具备能够胜任重要工作的全部素质：有行动力、亲和力，并且不抱怨，等等。

试想一下，你是喜欢与那些抱怨不已的人为伍，还是与乐观积极的人一起共事呢？显然，人们总会避开那些喜欢抱怨的人。在工作中，不会有人因为抱怨这样的消极负面的情绪而获得奖励和晋升。习惯抱怨的人在职场上往往容易失败，因此，减少抱怨，小心别让抱怨害了你！

摆脱忧愁，还心灵一份平静

一个人如果在无谓的忧愁上耗费了大量精力，是不能最大限度地发挥自己固有的能力的。世界上能够摧残人的活力、阻碍人的志向、降低人的能力的东西，忧愁占有一席之地。这也是导致人生挫败的病菌！

有一个美国商人，由于生意失败而欠下了许多债款，后来几经拼搏，虽然成了大富翁，却常常情绪不稳，因为他心里对周围的人都有戒心，包括自己的助手和家人，于是他的心里就会产生许多莫名其妙的忧愁、抱怨和痛苦。

有一天，他的一位好朋友真诚地对他说："你何苦这么忧愁呢？相信一个人会比怀疑一个人更能让人心绪安宁。"

这个富翁被这句话打动了，他试着这样做，从相信这位朋友开始，他发现自己的忧愁每天都在减少。

生活就像一杯水，许多人为了让自己的这杯水色香味俱佳，便将各种各样的调料都加到了里面，诸如金钱、欲望，等等。于是他们时常会觉得"累"。然而，只要你适度地、有选择地放入调料，你便会拥有丰富多彩的生活。

而一旦人们产生了莫名其妙的忧愁，就很容易滋生抱怨。没有人会喜欢抱怨不休的人。忧愁是滋生抱怨的毒瘤，人们总是想到一些烦恼的事情，继而抱怨为什么会生活得这么累。所以，我们必须要把那些不必要的忧愁摆脱掉，还心灵一份平静。

把精力耗费在莫名忧愁上的人，无论他是富翁还是乞丐，是高官还是平民，根本就不能从生活中得到乐趣。只有善于摆脱莫名忧愁的人，才能摆脱抱怨。从今天起，拔除这个毒瘤，你将成为一个幸福快乐的人。

拒绝淡漠

有一种情绪障碍，在心理学上被称为淡漠症。淡漠症患者往往表情淡漠，缺乏正常或生动的情绪体验。他们对陌生人冷淡，甚至对身边的亲人也缺少热情，缺少对他人的温暖与体贴。他们习惯独来独往，与人交往仅限于家庭生活或工作中，一般除亲属外无亲密朋友或知己，很难与别人建立深厚的情感联系。

这些人似乎超凡脱尘，对人间的很多乐趣都不懂得享受，如夫妻间的浪漫、亲人团聚的幸福、同事或朋友间聚会的快乐等，同时也不知道怎么去把心中细腻的情感表达出来。故大多数淡漠症患者都独身，即使结了婚，也多以离婚告终。

一般说来，这类人不是很在乎别人的意见，无论是赞扬还是批评，均无动于衷，因此生活显得比较单调无味。其中有些人可能会有些业余爱好，但多是阅读、欣赏音乐、思考之类安静独处的活动。有些人也许一辈子对某种行业都十分热衷，但从总体来说，这类人生活平淡、刻板，缺乏创造性和趣味性，很难融入现代社会生活中。

那些人少、安静的工作场合比较适合淡漠症患者，如档案管理库、山地农场、林场等，他们更喜欢隐居生活，在人多的地方他们会很不适应。

淡漠症的形成多数取决于人的早期心理发展。人类个体出生以后，在相当长的时间不能自己照顾自己，需要父母的照顾。孩子们最早的性格特征主要就是在家长的影响下培养起来的。在成长过程中，尽管每个孩子都不免要受到一些指责，但只要感觉到周围有人爱他，心理上出现缺陷的概率就相对低一些。如果孩子缺失父爱或母爱或经常被骂、被打，那么，孩子就可能出现心理疾病。更进一步讲，假使孩子受到父母不公平的待遇，他们心理上就容易产生焦虑和敌对情绪，有些孩子因此逃避父母身体和情感的接触，淡漠症便由此产生了。

由于现代社会生活节奏越来越快，每个人都因为沉重的生活压力而忙碌奔波着，许多人的内心都或多或少有着淡漠的心理状态，只是程度不同而已。你应懂得一个道理：生命的旅途是如此的妙不可言，每一个人都应该像一位情趣盎然的旅行家，欣赏天地万物，时刻被包围在奇趣欢乐中，这样才能充满生活的乐趣和前进的动力。如果条件允许的话，有意识地多接触社会生活，使接收到的社会信息量更大，促使兴趣多样化，进而参加一些兴趣小组活动，与他人的交往更多一些，享受集体生活的乐趣。这样，才能让淡漠的情绪彻底离开自己，让世上多一个快乐的使者。

以下是一些人对于"他们的快乐来源于什么东西"的回答：倒映在河上的街灯；红色的屋顶从树叶的间隙中透露出来；烟囱中冉冉升起的烟；红色的天鹅绒；穿透云层的月亮……

想要成为快乐的人，重要的秘诀便是：离开自己心中的孤岛，发现世间的美好，让淡漠的生活态度远离自己。

抛弃虚荣与自负

列御寇所编的《列子·汤问》中，有一篇《两小儿辩日》的文章：孔子到东方游历，途中遇见两个小孩在争辩，便问他们争辩的原因。

有一个小孩说：我认为太阳刚升起时距离人近，而到中午的时候距离人远。

另一个小孩则认为太阳刚升起的时候距离人远，而到中午的时候距离人近。

一个小孩说：太阳刚升起的时候大得像一个车盖，等到正午就小得像一个盘子，这不是远处的看着小而近处的看着大吗？

另一个小孩说：太阳刚升起的时候清凉而略带寒意，等到中午的时候像手伸进热水里一样热，这不是近的时候感觉热而远的时候感觉凉吗？

孔子不能判决谁对谁错。

两个孩子笑着说："谁说你知识渊博呢？"

这篇文章告诉我们，宇宙无限，知识无穷，再博学的人也会有所不知。我们要懂得谦逊，承认自己的不足，避免自负的心理。

聪明的人知道防范自负狂。职场上，领导要防范自负的下属，员工要防范狂妄的领导；生活中，人们要防范亲朋好友的极端自信。面对目中无人的这类人，要明白无论"气球"飞得多高，它里面终是空的。

有的人不愿花时间关心除自己以外的人，与他人的关系很疏远。这种人遇事只会从自己的角度出发，从不顾及别人的感受，不求于人时，对人没有丝毫的热情，觉得似乎自己能顶一片天。

也有的人脑子总是"一根筋"，唯我独尊，总是把自己的观点强加于他人，在明知别人正确的时候，也不愿意改变自己的态度或真心听取别人的意见。

还有的人有严重的嫉妒心理或很强的自尊心，不希望或不愿意别人在自己之上，如果别人失败，会幸灾乐祸甚至落井下石，不向别人提供一点有益的帮助。同时，对别人的成就、成功根本不能接受，在别人成功时这种人常用"酸葡萄心理"来给自己寻找心理安慰。

这些人都是自负的人。

自负者用凹透镜看自己的缺点，用凸透镜看自己的优点。自负者缺少自知之明，同时又将自身的长处看得十分明显，对自己的学识和能力评价得过高，对别人的学识和能力却根本不屑于去仔细看。

对于那些自尊心非常强烈的人，为了保护自尊心，在挫折面前，经常会出现既相反又相通的自我保护心理，其中一种是自卑心理，通过断绝和他人的交往，来避免自尊心的进一步受损；而另一种就是自负心理，通过对自我优点的无限放大，来掩饰自己内心深处的自卑。比如，一些家庭经济条件较好的差生，怕被班上成绩好的同学看不起，在表面上装出一副看不起这些同学的样子。这种自负心理实则是自尊心过强，不肯显露自己自卑的一面。

更有人放不下身段，耻于求教于比自己身份低的人，经常闹出笑话。

一个博士被派到一个动物研究所工作。在这里，他的学历是最高的。

有一个周日，闲着没事，博士到单位的池塘里去钓鱼，刚巧遇到正副两个所长也在钓鱼。博士礼貌地向他们点头问好，但他与这两个本科生学历的所长，能有多少共同语言呢？于是便默不作声。

不一会儿，正所长放下钓竿，打个哈欠，舒展身体，"噌噌噌"从水面上如飞般地走到对面上厕所。博士看得下巴都要掉下来了。水上漂？不会吧？这可是一个水池啊。正所长上完厕所回来的时候，也同样是从水上"噌噌噌"地飞跑回来。这是怎么回事？博士又不好意思去问，自己可是博士啊！又过了一段时间，副所长也站起身来，走几步，"噌噌噌"地飞跑过水面上厕所。这下子博士差点昏倒：不会吧，难道这里汇聚了众多江湖高手？

博士也想去上厕所了。这个池塘两边有围墙，要到对面厕所得绕十分钟的路，该怎么办呢？博士又不愿放下身段去请教两位所长，憋了半天后，他起身往水里跨：我就不信本科生能过的湖面，我博士生会过不了。只听见"咚"的一声，博士栽到了水里。

两位所长将他拽了出来，问他为何要下水，他问："我想去上厕所，但为何你们能从水面飞跑过去我却不能呢？"两位所长相视一笑："这池塘里有两排木桩子，因为这两天下雨涨水，所以没入水中了。我们都知道这木桩的位置，所以可以踩着它飞跑过去。你怎么不问问我们再过去呢？"博士才恍然大悟。

不管在哪儿，身边总有这样一些人，因为自己的学历比别人高，自己的工作能力比别人强，自己的学习成绩比别人好，就变得自以为是，骄傲自大，总觉得自己无所不知、无所不能，谁也不放在眼里，谁也不放在心上。纵然有不懂的问题也不屑于向"比不上自己"的人询问，最终却犯了再幼稚不过的错误，成为别人茶余饭后的笑谈。

自卑是成功的敌人

自卑通常表现为对自己的能力、品质评价过低，同时可伴有一些特殊的情绪体现，诸如胆怯、不安、内疚、忧郁、悲观等。失败是人产生自卑最根本的原因，如果一个人经常遭到失败和挫折，其自信心就会日益减弱，自卑也会与日俱增。自卑的产生也会抹杀掉一个人的自信心，本来很有能力的人，却因怀疑自己而失败，觉得自己处处不行、处处不如别人。

在生活中，挫折不可避免，面对挫折的时候，有些人会悲观地怨天尤人，稍微受挫，就会觉得是沉重的打击，从而形成严重的自卑心理。当面临一种新挑战时，大多数人会积极去尝试或自我衡量是否有能力应对。有些人对自我的认识不足，总是认为自己不如别人，很快就自我否定、放弃机会，这种悲观的心理对于他们的自信心是很大的打击，使他们产生心理负担，限制他们能力的发挥，工作效果亦相对不佳。而且这种情况还容易形成恶性循环，使人的自卑感越来越严重。

通常，自卑的人一般都瞧自己不太顺眼，总觉得自己矮人一截。当然，这种"不太顺眼""矮人一截"都是以别人为参照对象的，比如：与别人相比"我皮肤黑"；与别人相比"我个头矮"；与别人相比"我的眼睛小"……这些和别人不一样的地方就摆在那里，让他们藏不了、躲不了、否认不了，于是导致他们产生了自卑的心理。

在生活中，他们还常常比收入，比学历，甚至比生活享受……这些事都在或明或暗地进行着，更有一些人竟然把这些东西当作一种认识自己的方法。一些人身陷其中，总是拿自己的短处比别人的长处，结果越比越觉得自己不如人，越比越泄气，最后想不自卑都难了。

奥地利著名心理分析学家 A·阿德勒在《自卑与超越》这本书中提出了一种有创造性的观点，他觉得人类的所作所为都是出自"自卑感"以及对于"自卑感"的克服和超越。

阿德勒认为，人人都有自卑感，只是有的人程度深，有的人程度浅而已。从环境角度看，个体对自己的认识往往与外部环境对他的态度和评价紧密相关。假如一个人的书法写得很不错，但如果他能接触到的所有书法家和书法鉴赏家都一致对他的作品给予否定评价，那么就会导致他对自己的书法能力产生怀疑，从而产生自卑心理。从主体角度来看，环境因素与自卑的形成也有着密不可分的关系，但其最终形成还要受到个体的生理状况、能力、性格、价值取向、思维方式及生活经历等个人因素的影响，尤其是童年的经历对其影响颇深。弗洛伊德认为，童年经历不幸的人更易产生自卑。我们都有过这样的体验：孩提时，觉得父母都比我们大，而自己是最小的，要依靠父母；另一方面，父母也会强化这种感觉，令我们产生了自己需要依赖别人的感觉，从而产生了自卑。

李克曾经是个自卑的人，但是自从他开始从事心理咨询工作后，他就变得越来越自信了，这一点，可以从他参加会议时坐的位置和会议上的活跃程度得到证实。以前，他总是默默地躲在角落里，即便对某些问题有看法也不敢轻易发言；而现在，他总是坐在最前排，假如对某个问题有自己的看法，他就马上发表意见。这种变化归功于他的心理咨询工作，他在为别人排解心理困扰的同时，自己也获得了许多观察、了解、认识人的新角度和新方法，从而使他更加了解自身的价值。

在生活中，有谁愿意成为一个自卑的人呢？肯定没有。每个人在生活中都不会说我是自卑的，这表明他知道"自卑"不是一种良好的心态。人们都希望把"自卑"从内心深处拔出来，扔得远远的，从此挺胸抬头。而且，只要我们下定决心积极向上、向阳而生，就能抛开自卑的阴影。

兰妮因为耳朵上有个异常的小孔十分自卑，于是去找心理医生咨询。医生问她那个小孔有多大，别人能看出来吗？她说那是一个很小的孔，能穿过耳环，但是不在耳洞的位置上。

医生又问她："这个真的很重要吗？"

"哦，我跟别人不一样了，我感到十分自卑！"

小女孩兰妮的故事表明：自卑都是自找的！

现实生活中存在着许多"兰妮",这种人因为某种缺陷或短处而特别自卑。诸如高矮胖瘦、皮肤太黑了、汗毛太粗了、嘴巴大、眼睛小、头发黄、胳膊细等,这些都让他们产生自卑感。

当我们把目光从自卑的人身上转到那些自信的人身上时,你就会有新的认识:并不是上苍对他们宠爱有加,让他们成为自信的人。如果用"耳朵上的小孔"这样的尺度去衡量,其实他们也有很严重的缺陷。贝多芬的失聪、霍金的完全瘫痪、海伦·凯勒的又聋又盲又哑,哪一条不比"耳朵上的小孔"更令人觉得懊恼?

自卑的人总是特别"善于"发现自己的缺陷、短处和生活中不利于自己的方面,然后将其放大,结果吓坏了自己——既然自己如此糟糕,用什么来和别人竞争呢?为了保护自己不受可能遭受的失败的打击,他们躲避竞争、回避交往,因此白白浪费了很多的机会。他们觉得不断遭受的挫折似乎在证明:你看,其实你就是不行的。

恶性循环往往就是这样形成的。要想变得自信,就必须让自卑感消失,但"打破自卑感"需要有足够的决心和勇气。

"打破自卑感"是一个从认知到行为的过程,如果没有认知上的改变,就无法在行为上得到真正的改变;如果没有行为上的突破,那自然就不能寻求新的改变。

自卑是心理上一道无形的门槛,对你的快乐是一种妨碍。它犹如一扇关着的窗,阻挡阳光照进屋里,如果你想让屋子明亮,那就要打开这扇窗,让阳光温暖你屋子的每个角落。

悔恨是徒劳、无用的

后悔是一个人在做出错误的选择和错误的行动之后，对自己内心的一种残忍的惩罚。一般来说，这种惩罚是纯精神性的，但当它到达一定的限度时，就会出现肉体上的自我伤害乃至自杀的过激行为。

曾有个知名的心理学家做过一件有趣的事：

有一次，他在给学生上课时拿出一个十分精美的咖啡杯。学生们无不惊叹杯子的美丽以及造型的独特。老师故意失手,咖啡杯掉在水泥地上摔成了碎片,这时,学生们发出了惋惜声。老师望着学生们,冷静地说:"即使你们再怎么惋惜也不可能使杯子完好如初,今后,在你们生活中如果发生了无可挽回的事,就请你想想今天的这个杯子。"

破碎的咖啡杯使我们懂得了一个道理:过去的已经过去,不要因为曾经的美丽破碎了就不再寻找新的美好!正所谓:往者不可谏,来者犹可追。

在什么情况下人们会后悔呢?通常有两种可能:

一种是在作出决定之前对可能出现的消极后果有一定的预知,但是因为高估了自己的实力或者在某一方面不小心失策了,对这种危险的苗头没有采取必要的预防措施。在这种情况下,决定者是非常后悔的,因为他们离当初想象中的成功只有一步之遥,只因一念之差而发生了重大纰漏。

另一种后悔经常发生在盲目乐观者的身上。决定者在制定行动方案时,盲目乐观地不考虑那些有可能发生的不利因素,在没有任何心理准备和有效的应急措施时,一旦事件发生,决定者此时往往手足无措,能力稍强一点的可能可以勉为其难地补救,但终因补救措施的非系统化、非严密化导致最后仍然以失败收场,这时才来后悔当初的盲目乐观、不慎重。

美国一项民意调查有这样的数字:有 65%~70% 的被访者表示,他们最后悔的事情是当初没有用更多的时间学习;有大约五成的人表示最后悔的是当初没有选择自己感兴趣的行业;有三成的人坦言,此生最后悔的是自己当初不应该草草地结婚。从这个调查我们可以看到,不论是谁,他们后悔的事情其实都离不开教育、工作、家庭。事实上,有很多人觉得自己一生都活在懊悔之中。懊悔往往夹杂着悲伤、自责、恐惧、失望等情绪,这种精神的煎熬、心灵的痛苦,会在很大程度上伤害我们的身心健康。

　　生活中我们几乎每天都要面对选择，有的选择是正确的，能够得到好的效果；而有的选择是错误的，有可能效果和我们的预期相差甚远。人们为自己不当的选择而后悔，这是正常的，每个人都无法避免。关键是后悔的次数不能太多、时间不能太长，我们不能因为一次的失误就不再站起来继续向前，这样会对人的身心健康造成严重的负面影响。

　　由于每个人的生活环境、受教育程度等不同，所以每个人对懊悔的处理方式也不同，其结果也截然不同。有的人心理素质较好，具有承担自己行为不当和错误抉择的勇气，能够正视自己的失败并在失败中吸取教训。这样一来，懊悔的成分就少一些，时间就短一些，他们明白与其浪费时间在懊悔上，还不如早早地为下一次而努力。而有的人不能客观地衡量成功与失败，总认为成功就是十全十美，失败就是一无是处。殊不知，生活中不可能凡事都如自己所愿尽善尽美，如果一旦失败就后悔懊丧、痛苦不安，其结果只能是使这种不利于身心健康的心理慢慢滋生，长此以往，必将对我们的身心造成极大的伤害。

　　极端懊悔的人常用反常性的方法保护自己。越是怕出错，在自己真的犯错时就越会扩大自己的失误。为一句话、一件事后悔半天，人家并未介意的话或事他也神经过敏；对人际冲突极为恐惧，他们甚至没有正确的方法解决人际关系上的冲突。

　　人人都有懊悔情绪，但善于控制情绪的人往往不会浪费时间在懊悔上，而是总结自己的失误，从而在以后的行动中作出积极的调整。就这一点来说，懊悔起到了鞭策人们进步的作用。但极端的懊悔却是心理不健康的表现，我们要学会正确地调试这种心态。

　　古希腊诗人荷马曾说过："过去的事已经过去，我们又何必为无法挽回的事情伤神费力呢？"的确，昨日的风景再美，也移不到今日的画册里。我们有什么理由不好好珍惜现在的时光，而把大好的时光浪费在对过去的悔恨之中呢？因此，当你再次产生悔恨心理时，千万不要再为毫无价值的事情费心神了。

　　人不能总是生活在痛苦与懊悔中。与其无用地懊悔，还不如潇洒地挥挥手，跟过去说再见。已经过去的事，我们就让它随风而逝吧！

要学会控制不良情绪

　　苏格兰科学家花了差不多 20 年时间，对 500 个不同职业、收入、年龄、性别及性格的人进行追踪研究，得出了一份调查报告：被调查者每天除了平均 8 小时的睡眠时间外，余下的 16 小时中，争吵和愤怒各占半小时，悲哀和痛苦共占 45 分钟，除去这些不好的情绪，悲观、消极甚至厌世的低迷心情共占 15 分钟时间，孤寂、郁闷及空虚这些情绪则将余下的 14 小时中的 2.5 小时瓜分去。

　　也许你会认为，剩下的11.5小时都是好心情。其实并非如此，调查显示，各个年龄段平均下来，人至少有两小时会在各种病痛的折磨中苦度时日，还剩两个小时在一些高度紧张的环境中度过。在每天的4个小时中，人的情绪不好也不坏，在余下的3.5小时里，你才可能拥有比较好的情绪。

由此发现，人一生中自己真正心情舒畅、情绪很好的时间并不多。如果将人的寿命定在 80 岁，那么好情绪的时间不会超过 10 年。许多时候，我们拥有的都是不好的情绪。

心理学家认为，所有内心的抗拒都是各种形式的不好体验，而所有的消极心态都是抗拒。消极心态包括烦躁、没耐心、暴怒、压抑、怨恨、恐惧、痛苦、绝望等。有的时候，抗拒的心理会促使消极情绪的爆发，在这种情况下，哪怕情况很小，也会使你产生强烈的消极心态，比如愤怒、抑郁或深深的悲哀等。

事实证明，消极心态是不会有任何积极效果的。它不仅于事无补，而且是一种阻碍。它不会消除不利的逆境条件，而会让逆境继续存在。

布勃卡是举世闻名的奥运会撑竿跳冠军，有"撑竿跳沙皇"的美称。他曾 35 次创造撑竿跳世界纪录。

这天，他接受由总统亲自授予的国家勋章。授奖时，很多记者问他："你成功的秘诀是什么？"

布勃卡微笑着说："很简单。我每次起跳前都会先消除杂念，让自己的心先跳过标杆。"

原来，他作为一名撑竿跳选手，曾经有过一段日子，虽然不停地尝试刷新高度，但每次都是失败而返。当时他很苦恼丧气，痛苦和恐惧一直缠绕着他，他甚至怀疑自己是否能够在这个运动项目上坚持下去。

一天，他来到训练场，不禁摇头道："我实在跳不过去。"

教练平静地问："你现在是怎么想的？"

布勃卡如实回答："只要踏上起跳线，看清那根高高的标杆，心里就害怕。"

突然，教练一声断喝："布勃卡，你现在要做的就是闭上眼睛，消除一切杂念，让你的心从标杆上跳过去。"教练的厉声训斥，使布勃卡顿时惊醒，于是，他遵从教练的吩咐，重新撑杆。

这一次，他成功地跃身而过！

其实，所有的情绪都是一种心理状态，消极情绪也不例外。我们应像布勃卡一样，消除内心堆积的不良情绪，突破心理障碍，超越自己。

事实证明，被自己的情绪摆布的人是无法成为一个成功者的。我们身边有很多这样的人，他们总是被消极情绪所支配，萎靡不振，消沉低落，一生都被束缚在自己圈定的逆境里，怎么也爬不出来。

负面情绪往往非常可怕。对于很多人来说，消极心态一旦被自己所认同，就难以放弃它，同时还会无意识地抗拒一些积极的变化。因为他们在无意识中相信自己是一个被抑郁、愤怒等不良情绪缠身的人，所以他们会忽视、拒绝甚至破坏自己生活中积极的方面。

人处于逆境中，最大的敌人是无法控制的消极情绪。卡耐基说过："在我们生命中的每一天，都必须管理情绪。因此，我毫不犹豫地将情绪管理称为人生中的第一管理。"所以，成功的人都会控制和引导自己的消极情绪。

要控制和引导消极情绪，必须在最开始时就承认它们。消极的情绪一旦发生，就是在告诉你，你的生活出了些问题，并且这可能会迫使你观察自己的生活并对其做一些改变。此时，你必须听你的情绪发出的"声音"，但在这时候，千万不要在心理上把它看成消极的东西。

当你觉得自己的内心产生了消极心态时，不管什么时候，也不管什么原因，你只要把它看成一种声音："注意，此时此刻，请保持警惕！"哪怕只是微微感到烦躁也要注意，也需要观察和调节，不然它们便会累积。消极的情绪一经累积，其后果将更严重。

在释放消极情绪之前，必须先让理性检验它，随意发泄消极情绪十分不可取。怎样才能使情绪和理性之间达到平衡呢？自律与自制有助于你保持理性和控制情绪。你的情绪和理智都需要自己主宰，如果没有自律和自制，理智和情绪便会随心所欲地进行争斗，最终受到伤害的肯定是你自己。

当消极情绪出现时，你可以打开"心理控制阀"，引导和合理宣泄这种不良情绪。方法有很多，如写日记、听音乐、找人倾诉等。这样能够释放心理压力，恢复心理平衡。

此外，产生消极情绪时，应当将其积极转移。当一个人不能实现目标或遭遇挫折时，可以通过另一种心理活动或实践驱除心中的忧愁、痛苦和沮丧，这就是积极转移。

积极转移有目标转移、情景转移和环境转移。目标转移是指此路不通时就另觅他路。当经过千辛万苦，依然屡遭失败时，不要灰心丧气，不妨重新设定一个目标来替代原来的目标。

所谓情景转移，就是当消极情绪出现时，可以参加愉快的实践活动，或者把注意力转移到其他事情上，如听听音乐、打打球、看看电影等。你将发现，消极情绪很快就会消散。

环境对人的情绪也起着重要的影响和作用，环境中的光线、声音、气味、色彩等会使人产生截然不同的心境。当你受到挫折或心中充满不良情绪时，可以换个环境，让自己的消极情绪消弭于无形。

日本学者池贝酉太郎指出，大多数情况下，人们会在无意识中把消极的情绪积滞于内心，又不知不觉地被这些消极能量蚕食着身心。为了防止这种情况的产生，最重要的是掌握将情绪升华的技巧，以便巧妙地将其转化为创造性的力量，从而使自己逃脱病态的折磨。

所以，当消极情绪产生时，要积极地将其进行引导和升华。如果你不能有效地引导和升华消极情绪，它就会像一匹脱缰的野马那样肆意狂奔，随意践踏你和他人的心灵。但如果你能驾驭它，并将其引向有利的一面，它就能日行千里，释放出很大的正能量，助你从长期困扰你的逆境中解脱，阔步迈向成功的人生大道。

送走抱怨，你会更快乐

生活是由许许多多的小事连贯而成的，在这些琐碎的事情中有苦也有甜。只要你仔细寻找，定会发现其中的快乐。仔细品味琐碎生活中的一点一滴，你会发现，生活原来如此丰富多彩。

有这样一个故事：

> 一个小女孩趴在窗台上，认真地看窗外的人埋葬他心爱的小狗。主人与小狗之间的感情深深打动了小女孩，她不禁泪流满面，悲痛不已。她的外公看到后，连忙引她到另一个窗口，让她欣赏花园里的花，果然，小女孩的心情变得明朗起来。老人托起外孙女的下巴，慈祥地说："孩子，你开错了窗。"

我们也常像小女孩那样，开错了生活中的"窗"，陷入自己所看到的悲伤之中，如果我们试着打开另一扇窗户，看见的就是如画的风景了。人生在世，不能只是抱怨，要学会在琐碎的生活中寻找快乐，体会生活中的点点滴滴。

梁实秋在散文《快乐》中这样描述道："有时候，只要把心胸敞开，快乐也会逼人而来。这个世界，这个人生，有其丑恶的一面，也有其光明的一面。良辰美景，赏心乐事，随处皆是。智者乐水，仁者乐山。雨有雨的趣，晴有晴的妙，小鸟跳跃啄食，猫狗饱食酣睡，所有的这些都让人很快乐！"

爸爸问女儿："你快乐吗？"女儿答："快乐。"

爸爸说："能举个例子吗？"女儿说："就像现在一样。"当时，他正陪女儿一起在花园里看花丛中的小蜜蜂。

爸爸又说："还有什么例子吗？"

女儿说："妈妈晚上临睡前给我讲故事，这些我都很快乐。"

爸爸摸着女儿的头，陷入了沉思。

对呀，这些本是生活中极其平常的小事，没有人会在意这些，可我们却难得有这样的快乐体会。因为我们经常受到其他事情影响，从而遮盖了我们去发现快乐的眼睛，也阻碍了我们去发现快乐的心情。

生活中原来时时刻刻充满了快乐，这快乐来自生活的各个方面，只要你不抱怨，就一定能找到很多快乐。

做人，最重要的就是要开心。

那么，怎么样才能找到生活中的快乐？快乐在哪里？帮助他人，是快乐；阅读书籍，是快乐；做饭烧菜，是快乐……快乐并不难找到，多一些满足，少一些抱怨，就能找到快乐。一个整天都抱怨的人不可能很快乐。

快乐源于生活，快乐是一种满足，一种可以使心情舒适的方式，一种无形的力量来源。生活中，你用不着刻意寻求快乐。快乐到处都有，只要你不抱怨，以感恩之心、满怀热情地对待一切，随时都会有快乐。

所有失去的，终将以另一种方式归来

留得青山在，不怕没柴烧

　　很久很久以前，在一个遥远的山村，有个烧木炭的老汉，他有两个儿子，大的取名青山，小的取名红山。老汉岁数大了，不能再砍柴烧炭，于是把两片树林分给了他的两个儿子。他把东岗留给了青山，把西岗分给了红山。

　　西岗的树木多而茂盛，能烧很好的木炭，红山也很勤劳，每天不怕劳苦地烧木炭，日子过得还凑合。可几年后，树都被他砍光了，因此，红山就在岗上种了庄稼。没想到，一场意外的暴雨冲走了红山辛辛苦苦种下的所有庄稼。他失去了自己得以生存的庄稼，无奈之下，只得去东岗投奔哥哥。

　　东岗本来树木稀少，可青山很会计划，他先把不成材的树木伐了烧炭，接着又种上新苗；他在岗下开荒种田，养牛放羊。起初，生活很贫困，可岗上树苗很快就长大了，岗下庄稼成片，牛羊成群。由于树木的防护作用，那场暴雨对他的庄稼也没有造成很大损失。红山见哥哥这边山清水秀，一片兴旺，十分奇怪，就问哥哥是如何做到的，哥哥语重心长地告诉他说："你吃山不养山，早晚有一天会山穷水尽；边吃边养，才会山清水秀，日子也才会慢慢地兴旺起来啊！"

后来，人们都夸奖青山说："留得青山在，不怕没柴烧。"

　　的确，留得青山在，不怕没柴烧，在人生这条充满坎坷和曲折的路上，随时都会碰到这样或那样的挫折，我们为何不给自己一个从头再来的机会呢！

如何厚积薄发

毋庸置疑，没有一个人是天生就自甘平庸的，谁都希望自己能"举世瞩目""光彩照人"。然而，要想充分展示自我，得到认可，没有足够的资本是不可能实现的。俗话说"要想人前显贵，须得人后受罪""台上一分钟，台下十年功"，若无"背后"和"台下"的低调努力，又怎可以"一飞冲天""一鸣惊人"呢？

　　有一家非常有名的中外合资公司，求职的人不计其数，但其用人条件极为苛刻，求职者被录用的比例很小。从某名牌高校毕业的小李非常渴望加入该公司。因此，他给公司总经理寄去了一封短笺，出人意料的是，他很快就被录用了。原因不是他的学历，而是他那特别的承诺——请随便给我安排一份工作，不管多苦多累，我只拿做同样工作的其他员工 4/5 的工资，但保证工作更出色。

　　进入公司后，小李果然工作得很出色，因此公司主动提出给他满薪。然而他却始终坚持最初的承诺。

　　后来，因受所隶属的集团经营决策不当的影响，公司要裁减员工，很多员工失业了。而他非但没被裁员，还被提升为部门经理。这时，他仍主动提出少拿 1/5 的薪水，但工作还是兢兢业业，成了公司业绩最优秀的部门经理。

　　后来，公司要给他升职，并明确表示不让他再少拿薪水，还承诺给他相当数额的奖金。面对如此优厚的待遇，他却出人意料地提交了辞呈，并加盟了另一家各方面条件均很一般的公司。

　　很快，他就凭着自己杰出的才干赢得了新加盟公司的同事和领导一致的信赖，并成为公司总经理，理所当然地拿到一份远远高于前一家公司的报酬。

　　有人问他当年为何坚持少拿 1/5 的薪水，他微笑道："实际上我并没有少拿 1 分的薪水，我只是先付了一点儿学费而已。我今天的成就，大部分来自在那里学到的经验……"

小李通过厚积薄发来实现自己的升华，当"翅膀"丰满时，他毫不迟疑地为自己找到了更精彩的人生舞台。

埋头苦干实现腾飞

有句俗话是这样说的："唯有埋头，才能出头。"种子如果没有在坚硬的泥土里挣扎奋斗的过程，它将止于一粒干瘪的种子，永远不可能发芽成长成一株大树。

许多有抱负的人忽略了积少才可以成多这个道理，只想一鸣惊人，而不去做埋头耕耘的工作。等到忽然有一天，他看见了可观的收获被比自己年轻、比自己天资差的人获得，他才惊觉在这片园地上自己还是一无所有。这时他才懂得，不是上天没有给他机会，而是他一心只等着收获，却忘了播种。

所以，只对自己那没有实现的愿望慨叹焦急是没有用的。必须埋头苦干，才可以达到想要的目标。所谓"登高必自卑，行远必自迩"，意思是登高须从低处开始，走远路须从近处开始。等你付出相当的辛苦努力以后，登高俯瞰，你就可以看见你已经走过了多少险路，克服了多少困难。而正是这样一次次的小成功，才能慢慢累积成更靠近理想目标的大成功。

有时，我们缺少的是成功所需要我们付出的相应的持之以恒的努力和毅力，并不是成功遥不可及。其实许多时候，成年人和小孩子是一样的。成年人也会喜欢游戏，喜欢玩乐，喜欢拖延，或许自制力还不如小孩子。当我们面对自己为了成功而制定的计划时，当我们开始具体地实施行动时，不仅需要排除畏难情绪，还需要抵制诱惑。用个简单的例子来说吧，你准备去国外读 MBA，这是你近期的目标，你远期的目标是在你得到学位时在国际大都市的跨国公司里谋得一个职位，然后在那个起点上开始新的奋斗人生，以成为一个全方位的高级国际管理人才。这个目标很美好，这是无疑的，但为了实现这个目标你得开始付出努力。准备过程会很辛苦，在你需要坐在桌前面对英文资料的时候，那种日日夜夜要实际付出的努力才是对你的真正考验。大量地记忆、重复乏味地劳动会让你很快就感觉到厌倦。美食、电影、游戏等时时刻刻在向你发出诱惑。这时，如果你没有足够的毅力，就会很容易放松对自己的要求，向这些诱惑投降。

但没有埋头苦干，无法实现腾飞！

没有什么不可能

一家资产雄厚的大公司，决定进一步扩大经营规模，高薪招聘营销主管。广告一打出来，报名者蜂拥而至。

应聘者们接到的不是烦琐的面试安排，而是一道实践性的试题：把木梳卖给和尚。绝大多数应聘者困惑不解，甚至恼怒：既然已决定出家为僧，要梳子还有什么用？岂不是神经错乱，拿人开涮吗？没过一会儿，众多应聘者甩袖离开了。

偌大个场地上，只剩下三个人：小刘、小李和大周。

负责人对他们解释说："以 10 日为限，届时请各位将销售结果向我汇报。"

10 天一眨眼就过去了，3 位应聘者如期来到公司作汇报。

小刘讲述了自己销售期间受到的种种辛酸和委屈。但皇天不负有心人，在下山途中，小刘遇上一个正在太阳下使劲挠头皮的小和尚，聪明的他立刻递给小和尚一把木梳，小和尚用后满心欢喜，高兴地买了一把。

小李去的是一座名山古寺，由于山高风大，很多进香者的头发都被吹得乱糟糟的，小李找到寺院的住持说："蓬头垢面是对佛的不敬。在每个香案前放一把木梳应该是个好主意，供善男信女梳理头发。"住持采纳了他的建议，买了 10 把梳子。

最后是大周，他一共卖了 1000 把，负责人大为惊奇，连忙问他整个过程。原来大周去了一个颇具盛名、香火极旺的深山宝刹，那里每天前来上香的人络绎不绝。他给住持提了个建议：进香者必须怀有一颗虔诚之心，宝刹应有回赠，作为纪念，保佑其平安吉祥，鼓励其多做善事。既然你书法超群，不如在我的木梳上刻上"积善梳"3 个字，然后便可作为赠品。

大周还提议说："不妨搞一个首次赠送'积善梳'的仪式，让香客感受到一种尊重和善意。"住持欣然决定买下大周所有的梳子，并邀请他留下来帮忙组织赠送梳子的仪式。

这个故事是真是假，已不甚重要。重要的是大周、小刘、小李能够绝处逢生，从不可能中寻找到了可能，这是不是可以给我们的日常生活和工作带来一些启迪呢？

机遇往往出现在绝境

法国的戴高乐曾经说过："困难，非常吸引坚强的人。因为他只有在拥抱困难时，才能彻底了解自己。"

对于你所遭遇的困难，你愿意努力去尝试，并且反反复复地尝试吗？只试一次是绝对不够的，需要多次尝试。这样你才可能看到自身所隐藏着的巨大能量。面对自己，竭尽所能去尝试、去改变，这些努力正是成功必不可少的条件。

积极去想去做，一个人处于困境之中的时候可能就是他磨炼成功所需的品质和能力的机会。

世界著名田径运动员海尔·格布雷西拉西耶出生于埃塞俄比亚阿鲁西高原上的一个小村庄里。这个小男孩，每天腋下夹着课本，赤脚跑步 20 公里上学和回家。贫穷的家庭环境使他不可能坐车去上学。为了上课不迟到，他每天都一路奔跑。这个曾每日奔跑上学的孩子在世界长跑比赛中，曾先后 25 次打破世界纪录，成为世界上最优秀的长跑骄子之一。如果他出身富裕家庭，坐车上学，一定不会成为世界的田径骄子。后来，他经常说："我要感谢贫困，由于贫困，我别无选择，只能跑步上学。"正是跑步上学，使他成为一名优秀的长跑运动员。少时跑步上学的艰苦磨炼是他成功的基础。

可见，不轻易屈服于困境，使之成为打磨自己的试金石，便可从中发现潜在的机遇。很多人与成功失之交臂，并不是他们比其他人缺少才智，而是他们缺乏变困难为机遇的勇气、眼界。

相传康熙年间，安徽青年王致和赴京应试落第后，决定留在京城，一边继续苦读，一边学做豆腐赚钱谋生。可是，他毕竟是个年轻的读书人，没有什么经商的经验，夏季的一天，由于所做的豆腐剩下不少，他只好将其切成小块，稍加晾晒，撒上盐再用小缸把它们腌制起来。之后歇伏停业，一心攻读诗书，他竟忘了有这缸豆腐，等到秋凉想起来时，腌豆腐已经变成了"臭豆腐"。王致和十分气恼，正欲把这缸"臭气熏天"的豆腐扔掉时，转而一想，虽然臭了，但还可以留着自己吃。于是，就忍着臭味吃了起来，但是，奇怪的是，臭豆腐虽闻起来有股臭味，但吃起来却非常香。

于是，王致和便拿着自己的臭豆腐去给自己的朋友品尝。好说歹说，别人才同意尝一口，没想到，很多人在屏息品尝了以后，都赞不绝口，一致认为此豆腐美味可口。

之后，王致和又三次落第，他便弃学经商，借助之前的"错误"，专门做臭豆腐，生意越做越红火，影响也越发广泛，最后，连慈禧太后也忍不住尝此美味的臭豆腐，并对其赞不绝口。

从此，王致和与他的臭豆腐身价倍增。王致和的臭豆腐还被慈禧太后列为御膳菜谱，赐名"青方"。直至今日，许多外国友人到了中国，都还点名要品尝这"中国一绝"的臭豆腐。

这个故事告诉我们：世上有问题、困难，但没有绝境。机遇更是到处都有，只要你有足够灵活的思维、足够敏锐的头脑和及时把握时机的意识。

不断学习才能成功

罗杰走下码头，看到一些人在钓鱼。由于好奇心的缘故，他走过去看当地有什么鱼，好家伙，他看到的是满满一桶鱼。

那只桶是一位老人的，老人面无表情地从水中把线拉起来，摘下鱼，丢到桶里，又把线抛回水里。他的动作非常像工厂里的工人，而非一个垂钓者在揣摩钓钩周围是否有鱼存在。他好像知道一定会有鱼来一样，十分悠闲自得。

罗杰发现，在前方不远处有七个人也在钓鱼，老人每从水中拉上一条鱼，他们就大声抱怨一阵，抱怨自己总是守着一根空竿。

这样持续了半小时：老人有序地挂饵、放线、收线，七个人都静静地看他摘鱼，又挂上鱼饵后把线抛回去。在此期间，其他人没有一个钓上过鱼，虽然他们只处在距老人十几米远之处。真是太有意思了！

这是怎么一回事儿？罗杰走近一步想去看看到底是什么原因造成的。原来那些人都在甩锚钩儿（用一套带坠儿的钩儿沉到水里猛地拉起，希望可以碰巧钩住游过去的小鱼当中的某一条）。而那位老头儿只是将挂有鱼饵的鱼钩放出去，等一会儿，感觉到线被往下拖，然后猛拉线，当然，他就将鱼钓上来了。

使罗杰吃惊的不是那位老头儿简单的智慧，而是其他钓鱼者的反应：那一群嘟嘟囔囔的人看得很清楚老头在干什么，明白他是如何运用最平常的方法获得良好的效果的，但他们却不愿学习，所以，他们不会收获任何东西！

常言道："书山有路勤为径，学海无涯苦作舟。"生有涯而知无涯，学习没有尽头，除非是我们自己限定了自己，自我束缚，自我羁绊。

"活到老学到老"才是一个人最好的状态，在这个信息化爆棚的时代里，每一天都在发生着日新月异的变化，不进则退！时刻保持一颗进取心，而不是自我满足，选择躺平，社会在淘汰一个人的时候，是连一声招呼都不打的。